JN191872

ホンダの新たな挑戦

元F1エンジニアの

歩行アシスト開発奮闘記

まえがき

ホンダは1946年に通称〝バタバタ〟と呼ばれたオートバイの販売を始め、その後1963年にはホンダ初の四輪車となる軽トラックT360／T500と小型スポーツカーのS500、さらに1964年にホンダ初の船外機CB30を発売しパーソナルモビリティを提供する総合メーカーとなりました。また、2015年には長年の夢であったHonda Jetの引き渡しが始まり、ホンダが目指している安心してどこへでも自由に移動することができる社会の実現に向け大きく近づきました。

ホンダは、自由な移動の喜びを一人ひとりに提供し続ける企業として、より快適に、より安全に、より環境に優しく移動できるモビリティを提供するために技術革新を続けています。

これらのモビリティは、人が移動先で活動するために移動する手段として使われる搭乗型の乗り物で人の移動能力をはるかに超えています。一方、私たちは人と同じ移動能力を使う活動域では歩いて移動しますが、ホンダは、その活動域においても自由に移動することができる社会を目指しその実現に取り組んできました。

そして2015年、ホンダは究極のモビリティとしてHonda歩行アシストの商品化に成功しました。この機器は、搭乗型ではなく、人の歩行と協調しながら移動する身体への装着型ロボットで、歩行効率の向上と歩容（歩き方）の改善などを目的とした歩行訓練機器です。

この機器は、高齢化や疾患により歩行能力が低下した人や歩行能力の低下を予防するために歩行リハビリテーションの場で使って頂き、いつまでも自分の足で歩き続けることを目的としています。

ホンダが初めての医療福祉介護領域へ参入するにあたり、開発や検証、商品化などの経緯や苦労した点をまとめました。

第1章で私のホンダでの業務経験、第2章で歩行アシスト開発の背景、第3章で歩行アシストの基礎開発、第4章で歩行アシストの商品化開発　第5章で開発のKEYパーソン、第6章で支援機器の進め方検討とホンダで学んだ考え方について記載しました。

このような考え方、進め方もあるという見方で読んで頂ければ幸いです。

目次

第4章

第5章

デザイン／図書印刷

第1章　回り道、そしてホンダでの開発業務

1 〈ホンダ入社〉

「いやまいったなぁ、やっぱり落ちてしまったかぁ〜！」

1978年10月中旬、下宿で採用通知を待っていた私はホンダから不採用の通知を受け取り〝どうしたらいいんだろう？〟と呆然となりながらも今後の進路を早急に決め半年後に控えた卒業に向けた準備をする必要がありました。

私が就職活動をしていた時代は、一度就職すると定年までその会社で勤め上げる終身雇用が一般的でしたので、ホンダ以外での人生を考えていなかった私は慎重かつ冷静に将来の自分のあり方を描き直さなければならなくなりました。いくつかの選択肢がありましたが、それぞれのオプションが自分の人生にどのような影響を与え、人生をどう変えていくのか、またそこにいる自分はどういう状況にあるのだろうか？　それらを想定し自問自答する日々が続きました。

私が学生の頃は、10月1日が就職活動の解禁日でしたが、実際はそれまでに第一希望以外の会社の内定を貰い、10月1日は本命とする会社の入社試験に臨むことが通例となっていました。

私は、大学で電気工学を専攻し電力の発電や送電に関する研究を行っていましたので、家電のような弱電（低電圧）の製品を扱う企業ではなく、発電機や電力の発送電に関係する強電（高電圧）の製品やシステムを扱う企業を就職先として考えていました。人知れない山奥の発電所で働き、麓の街に電気を供給している自分を想像して〝かっこいいなぁ〟と思っていましたので電力会社を第一志望としていました。

四回生になり就職活動の準備で電気工学出身者が活躍できる業界の情報収集、関連する企業の理念や体制、取り組み方の調査を始めた私は、企業の本質を知ろうと創立者の考え方やトップの意志を読み解き理解するために数多くの関連本や業界関連書を読みあさりました。その中でホンダの創始者である本田宗一郎に関する本に出会い、その〝一本気〟な気質に大ファンになってしまいました。

本の中の本田宗一郎は、破天荒で豪快、猪突猛進タイプですが、常にシンプルな考え方で明確な目的を持ちユーザー目線で繊細且つ慎重に物造りを行い、常に〝もっと良くするためにはどうすべきか〟を考え続け、言い訳も駆け引きもしないという技術者魂のある人との印象を受けました。

私は、絶対にホンダに入ると決めましたので、他の企業へ就職することは考えず就職活動はホンダ一本にしていました。

入社試験は当時原宿（東京都渋谷区）にあった本社（現在は青山）で10月1日から始まり、1日目の筆記試験と2日、3日目の面接で構成されていました。1日目の専門と一般教養の筆記試験終了後に結果発表があり2日目の一次面接の受験者が発表され、さらに2日目の一次面接終了後に3日目の二次面接に臨むことができる受験者が発表されます。3日目の二次面接と健康診断を終えると全ての採用試験が終了し、後日送られてくる最終結果の通知を待つことになっていました。

しかし、私にとってその健康診断に落とし穴がありました。私は3日目の二次面接終了後に健康診断を受ける予定でしたが、突然健康診断が面接の前に変更になったため面接を控えた緊張から脈拍が高く心臓の鼓動も大きいまま血圧測定を受けました。しかし、血圧がなかなか下がらないため「緊張して脈拍も血圧も高いのでリラックスして下さい」と何度も声をかけてもらい何回も測定してもらいました。

私が大学で受けていた健康診断では高くなかったため採用試験での血圧値は予想外の結果で驚きでしたし、その数値は事前に知らされていた不採用の判定ラインを僅かに超えていましたので気になっていました。しかし、少し超えたぐらいなら大丈夫かな？との想いもあり多少楽観的に考えていましたので、不採用通知を受け取った時に〝え～っ、やっぱり〟と諦めと落胆の言葉が出てしまいました。

ホンダに入社したら埼玉県にある四輪の研究所に入り当時研究が始まったばかりの自動車用エンジン電子制御開発にかかわる仕事につこうと思っていましたし、入社後に購入する車も決めていましたので、それらが全て白紙になりリセットされた人生設計をどう描き直すかが早急の課題でした。

就職活動を続けるか大学院に行くかが選択肢としてありましたが、今と違い大学院に行く人は非常に少なくほとんどの人が学部で就職している時代でした。そのため私はすぐに就職するために採用試験を実施している会社の情報を集め始めると同時に、指導教授の推薦による就職も検討し始めました。

しかし、ホンダへの想いが強かった私は、この状態で就職する自分の入社後の姿が描けなかったため、新たな選択肢を胸に心配してくれていた両親の元に帰省して相談することにしました。

当時、ほとんどの理系の受験生は、国公立大学を目指し合格できなかったら私立大学へ入学するという構図になっていました。ご多分に漏れず、私は私立大学に学び舎を得ていたため、学費と下宿代・生活費で親に負担をかけていましたし、大学一回生の時に父親が心筋梗塞で倒れ働けなくなった後は退職金で大学生活を続けていたためこれ以上の負担をかけられないと思っていました。

しかし、ホンダへの想いを捨てきれない私は、1年間大学に残り翌年ホンダを再受験するという選択肢をもって帰省していました。両親が就職してくれと言ったら、きっぱりホンダを諦めるつもりでいましたが、再チャレンジの意志を伝えたところ間髪入れず、父親が「大学に残って来年再受験すれば良いよ」と言ってくれましたし、母親も応援してくれました。もし父親が返事をするのに一瞬でもためらいがあったら再チャレンジは諦めるつもりでいましたが、厳しい状況にもかかわらず即答で了承してくれたのでその言葉に甘えることにしました。この時は、親が子を思う想いに心底感謝し言葉がありませんでした。

その後、すぐ大学に戻り、指導教授にホンダに対する想いと再受験のため留年する意志をお伝えしご理解して頂けました。指導教授との相談の結果、卒業論文は終了させ四回生の専門必修を1教科落とすことで留年することに決まりましたので指導教授と共に専門必修科目の担当教授のもとを訪れ後期試験を受けず留年することをご説明し理解して頂くことができました。両親はじめ多くの人のサポートがあり、ホンダ再チャレンジの道を開くことができました。

大学五回生の生活は、親の負担を減らすためにアルバイトに励み、週に1日大学に行って留年していた仲間と顔を合わせて過ごすというおそらく人生で一番のんびりしていた時期でした。留年して5カ月、あっという間に就職活動のシーズンになり、ホンダ以外の就職先を決めるため積極的な就職活動を行いました。それが功を奏したのか早い時期に数社から内定が貰えましたので、昨年よりは多少の余裕をもって2度目の10月1日を迎えることができました。

冷静に考えてみると2年目も血圧で落ちるのでは？　との心配もありますが、当時はそれよりも2度目の受験という理由で落とされるかもしれないという心配の方が大きく、血圧のことを心配する余裕がありませんでした。それが却って良かったのか、2度目のホンダ受験では面接を控えても過度な緊張をすることなくの冷静を保ち健康診断も落ち着いて受けることができ血圧測定も無事クリアしました。

二次面接で志望動機を聞かれた時に、「昨年落ちたので再受験しました」との返答に『今年落ちたらどうしますか？』と質問され「数社から内定を貰っていますのでそちらに行きます」と答えたら、面接はそれで終わってしまいました。最後に『では頑張って下さい』との言葉を貰いましたので「ありがとうございます」と言って部屋を後にしました。

面接直後、この〝頑張って下さい〟の言葉にウキウキしていましたが、ひょっとして〝頑張れ〟は、〝他の会社で頑張れ〟ってことなのかなぁ、と不安を抱えながら東京を後にし、結果通知が来るまで眠れぬ日々が続いていたことを鮮明に覚えています。

期待と不安が交錯する中、採用通知を受け取った時は飛び上がるほど嬉しくて下宿の友人から譲り受けたホンダＮ３６０でなぜか京都市内を走り回ったことを覚えています。

両親はじめお世話になった人たちも大変喜んでくれました。この年は約１１０名の技術系と約50名の文科系の大卒新入社員が採用され、１９８０年3月末に入社式と研修のために鈴鹿サーキットホテルに入り待望のホンダ生活が1年遅れで始まりました。

2〈ホンダでの悩みと迷い〉

この年の技術系新入社員は、工場で6カ月間の実習後、研究所と販売店でそれぞれ3カ月間の実習を経て入社から1年後に正規配属の予定となっていましたので、鈴鹿サーキットで行われた3日間の研修を終えると、実習先となっていた狭山製作所、鈴鹿製作所、浜松製作所に分かれて配属される中、私は浜松製作所に配属され二輪のエンジン部品の加工を担当しました。

6カ月間の工場実習が終盤に差し掛かった頃、増産に対応するため3カ月間延期になることが決まりましたが、ちょうどその頃、ホンダは四輪車の電子制御化が最大の急務でその開発を加速する必要があったため電気系学科出身者は予定通り半年間で工場実習を終了し研究所に配属されることになりました。

私は、希望していた四輪車の電装システムや電装部品を開発する部署に配属になり電子制御化の開発に携わることになりました。電子制御化とは、人の五感に相当するセンサーと頭脳に相当するコンピュータと筋肉や関節に相当するアクチュエーターなどの電子部品を使って自動車を的確に制御することです。私たち電気系学科出身者の新入社員はこの電子制御システムの開発部隊に配属になり、私はその中で部品の信頼性を保証する業務を担当することになりました。

この業務は、ユーザーが安心して車を使い続けられるよう、故障や破損などにより機能の低下や悪影響が出ないように試験や検証を十分に行い必要によっては設計変更をしてシステムの安全性を確保します。

私は信頼性要件を決めて熱や振動、防水性や塵埃などの単独要因やそれらが合わさった複合要因を考慮した試験を担当しましたので、そのテスト条件が必要でしたが、電子部品の開発が初めてのホンダには電子制御ユニットやセンサー、アクチュエーターがおかれる環境条件が完全に把握できていなかったため、まずそのデータを取って環境を正確に把握することから始めました。

そのため車の多くの箇所に温度の測定や振動の測定ができる計測システムを搭載し、さまざまな路面環境や走り方でデータを計測し試験条件と試験回数や試験時間を決めていきました。

自動車の電子化が急速に進んでいたため、開発されるシステム領域の拡大と機能の高度化に比例して電子部品数と搭載場所が増え続けました。その結果、自動車全体に及ぶ電子部品搭載予定箇所の環境測定をおこない、その結果から得られたデータを基に膨大な試験を繰り返し実施する信頼性確保の業務に4年半携わることになりました。

この4年半の間に同期を含めた周りの人は業務が変わりシステム開発に関わり始めましたので、私も後れをとらないようエンジン電子制御システムの回路図や制御ソフトウェアを入手して理解することから始めました。

私もキャリアアップとして電子制御ユニットのシステム開発を担当する業務への異動を希望していましたが、なかなか叶えられませんでした。四輪車の電子化の波が世界中に押し寄せていたこの頃は、自動車業界内や自動車業界と電気業界間での転職が活発に行われていたこともあり、また転職した先輩や同僚からの勧誘も受けていたこともありホンダを離れる決意をしたことが2回ほどありました。

就職留年することなくホンダに入社していたら転職していたかもしれませんが、1年の就職留年のことを考えると最後の一歩を踏み出すことができず悩んでいました。私が社内で悩んでいることを察した所属長が〝悩んでいるように見えるが転職を考えているのか?〟と尋ねてこられましたので、自分の希望と想いを話したところ現業務の必要性や今後の電子化についての方向性などを話してくれました。それまで狭い視野でしか見ることができていなかったことと同じ仕事が一生続くことはなくいつかは業務内容が変わる、と割り切ってホンダに残ることに決め迷いは無くなりました。

当時の所属長とは今でも時々お会いし、懐かしい昔話として当時を振り返っています。しかし、私にとって下積みともいえるこの4年半の仕事が、後の私の研究開発人生における技術の基礎を築いた大変重要な業務で貴重な経験であったことを当時は知る由もありませんでした。

3〈第二期F1〉

信頼性テストに明け暮れていた1984年12月、年明けから担当業務が変わる内示を受けました。これは私の悩みを横目で見ていた他のグループのリーダーを務めていた大塚和男が所属長に掛け合い実現したものでした。大塚は、電装系のエキスパートで1983年から参戦していたF1レース用電装品の開発責任者で、私をレースの開発メンバーとして迎えてくれました。

私の席の後ろのブロックにF1レースグループがいましたのでメンバーのことはよく知っていました。しかし、F1どころか四輪のレースを見たことも無く、また四輪車の電子制御に業務として携わったことが無かった私にとって、F1チームは近くて遠い存在であり、内示を受けた時は大きな驚きと不安を感じましたが、同時に嬉しさと大きな希望があったことも覚えています。

当時のF1はヨーロッパを中心に北南米やオセアニアで年間16戦レースが開催されていて、私がF1チームに入った1985年は、ホンダはウィリアムズというF1車体チーム（コンストラクター）と一緒にチャンピオンを目指して戦っていました。ホンダでは、1983～1992年の10年間のF1参戦期間を第二期F1と呼んでいます。

F1のエンジン制御が、キャブレターによる機械式からコンピュータによる電子制御に変わった時期で技術革新の波はレース業界にも確実に訪れていました。エンジンをコンピュータで制御するための微弱な電気信号（センサー信号）やガソリンを噴射し点火させるための強力な電力は車体に搭載されるハーネスを介してエンジンやコンピュータ、電気デバイスと接続されていましたので、本来はコンストラクターであるウィリアムズが設計、製作を担当する車体ハーネスをホンダが自ら設計し製作していました。

ハーネスとは電気部品を接続するために使われている電線のことで、テレビなどの家電製品の内部で部品を接続する目的やテレビとビデオなどの家電製品を接続する目的で使われているケーブルもこれにあたります。

F1には、この他にもエンジンに搭載されるエンジンハーネスや研究所内でエンジンをテストするために設備で使用するベンチハーネスというものがありましたが、特殊な電線とコネクターを使っていたため全て手作業で製作していました。車に搭載されるハーネスに問題が発生すると正常に走行できなくなりリタイアにもつながりますので初めての作業に緊張感を持ちサーキットを疾走するF1を想像しながら製作を続けていました。

私にとってこの業務も下積みと言えますが、多種類の電線とそれをつなぐコネクターの種類や特性を把握し接合ピンの加工方法を習得することができましたので、前述の信頼性テストと同じようにその後の研究開発に大いに役立つ財産となりました。

1985年のF1シーズンが中盤に差し掛かりハーネス製作も落ち着いた8月頃、私は大塚からデジタル式のデータロガーを作るよう指示を受けました。

当時レースチームでは、刻々と変化するエンジンの状態に追従できる最適な制御を実現しエンジンの競争力と耐久性の向上を図るために、サーキット走行時のエンジン使用状況や状態を正確に把握し解析できるシステムが求められていましたが、信頼性のある計測技術が無いため小型のテープレコーダーをF1に搭載していました。そのため、車がピットに戻ってくるとテープに記録された制御データをプリンターに書き出してエンジン状態を確認していましたが、振動でテープレコーダーのヘッド飛びが発生し思うようにデータを収集することができませんでした。

大塚は競争力強化のためF1に搭載でき確実にデータ収集ができる軽量で小型のデータロガーが必要であるとの想いからその実現手段を模索し続けていた時に〝半導体メモリ〟という電子デバイスに出会いました。それは東芝が発売を開始したばかりのRAM（Random access memory）という半導体メモリで、この電子デバイスにエンジン状態を記録できれば確実にデータが収集できると確信し早速このRAMを使ったF1専用のデータロガーの開発に着手することを決めました。

32Kバイトのメモリを4個搭載したと記憶していますが、K（キロ）の1000倍がM（メガ）、その1000倍がG（ギガ）ですから、今から見ると非常に小さな容量のデータロガーでしたがF1の勝利に貢献する大きな力になりました。データロガーを開発するには、CPUと呼ばれる情報処理用デバイスを使ったコンピュータのハードウェア設計技術とそのCPUを動かすためのソフトウェア設計能力が必要になりますが、私にはその実務経験が無かったため、この無謀とも言える指示がなぜ来たかが理解できないまま開発に着手しました。

ホンダの第二期Ｆ１で1986年からホンダがＦ１を撤退する1992年まで約７年間ロンドンを拠点にチームに帯同

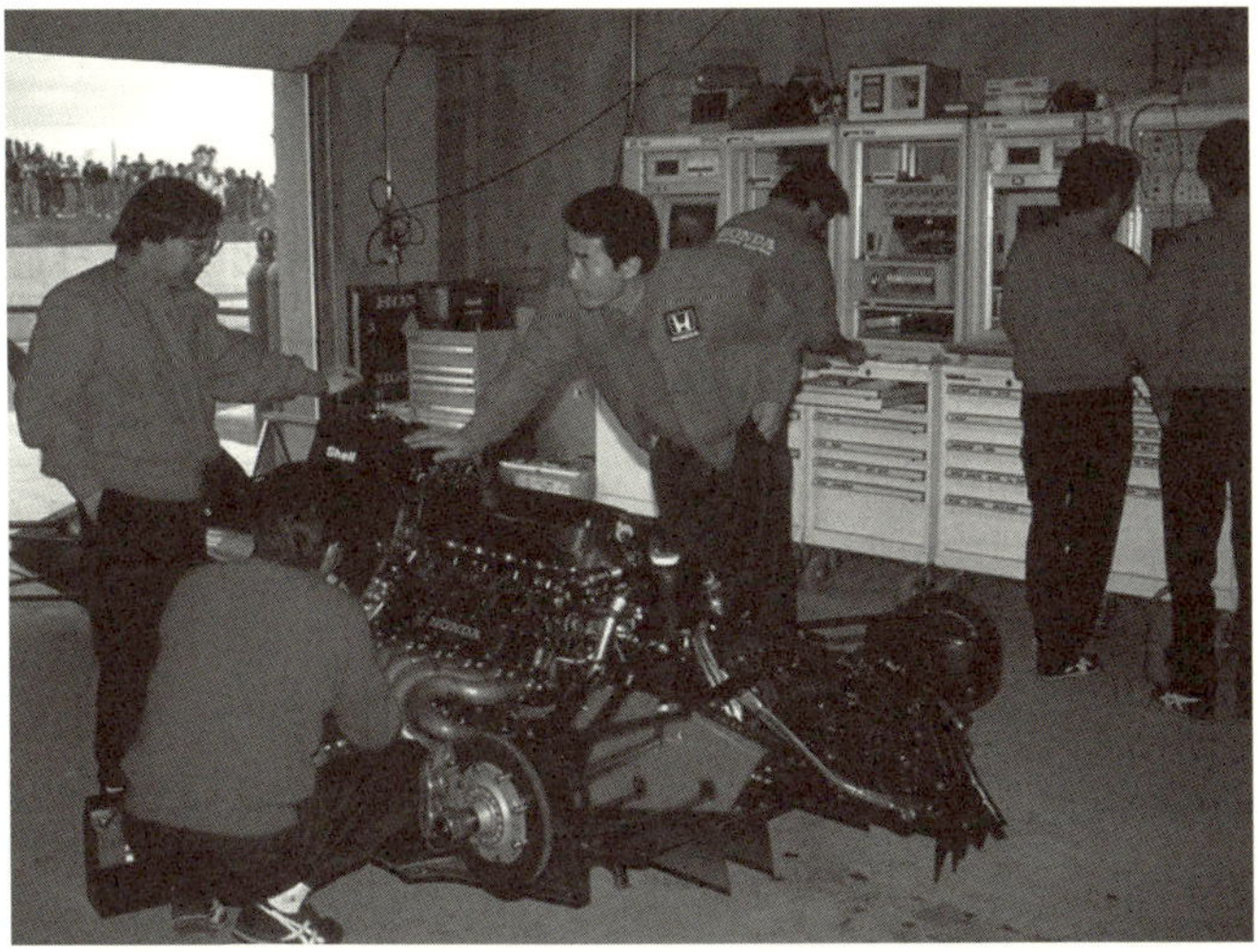

マシンの走行中のデータをリアルタイムに見ることができるテレメータリーシステムを開発。この技術はＦ１界に衝撃を与え、大きな変革をもたらした

PHOTO／HONDA

後に第二期F１の思い出話をする中で、私が大塚にこの疑問を投げかけたところ、当時は非常に少ない人数で活動していたためF１レースに同行する海外出張対応と研究所での通常開発以外の新システムの開発に振り分けられる工数がなく私以外に選択の余地が無かったことを聞き、開発に成功して良かったと遅ればせながら胸をなでおろしていたことを思い出します。

９月から始まったデータロガーの開発は約３カ月で試作品ができ研究所内での機能試験を終えた後、早速12月に鈴鹿サーキットで行われたF１テストで初実走試験を行いました。厳しい環境条件のF１カーで走行中のエンジンデータを完璧に収集し解析できた時には大塚と大喜びし握手をしたことを昨日のように覚えています。このデータロガーは翌１９８６年からF１レースに本格的に投入され、エンジン制御の最適化とレースマネジメントの高精度化を実現して勝利に大きく貢献することができました。

データロガーはこの他にも多くの副産物をもたらし開発の効率向上にも貢献しました。例えば、データロガーが投入されるまでは、ドライバーがシフトチェンジに失敗しエンジンが壊れても、ドライバーからの報告がない限り壊れた原因がわからずエンジン開発担当の頭を悩ませ、解析に大変な工数が費やされるばかりではなく、時には不要な対策までもが行われていました。しかし、データロガーによりエンジン自体に原因が無いことが即座にわかることで不要な解析時間や対策が減ると同時にドライバーのシフトチェンジのミスが減るという思わぬ副産物も生み出しました。

その後もロギング機能と性能、使い勝手の進化は続きましたが、このデータロガーは新たな計測システムを誕生させ、その後のＦ１レース界を大きく変えることになりました。

データロガーは、Ｆ１車がピットに入った時に走行中のデータを読み込んで解析するシステムのため、走行中にリアルタイムでデータを見ることはできませんが、Ｆ１に送信機を搭載してデータロガーのデータを無線でピットに送れればそれが可能になるのではないかという話が電装チーム内で出てきました。

私は早速データを送信できる機器とＰＩＴで受信したデータを処理し表示させる機器の開発を行い鈴鹿サーキットでのテストに投入しました。近テレ（近距離テレメーター）と名付けられこのシステムは、１９８７年からレースに投入され、ラップタイムをはじめ、レース中の燃料消費量やエンジン、車の正確な状態をリアルタイムに把握することができるようになったため、緻密なレース戦略とレース中の最適な指示により更なる競争力向上に大きく貢献しました。

さらに、これらの情報はドライバーにもデジタルメーターにより提供していましたのでアイルトン・セナはこのシステムに絶対的な信頼を持ってくれていましたが、それによりびっくりするようなエピソードもありました。

ラップタイムの計測にはラップトリガという送信機をピットロードに設置し車にその受信機を搭載したシステムが使われていました。この送信機はピット前を走行する車に対し垂直に指向性のある電波を発信し、受信機がその電波を受信すると前回との受信間隔を車載のコンピュータで計測する機能を持っていましたので、１ＬＡＰに1回ピット前を通過する車の受信間隔がＬＡＰタイムとして表示される仕組みになっていました。そのため私たち電装担当は送信機の設置場所や設置方法をサーキット毎に最適化し誤検出が起きないよう細心の注意を払っていましたが、ある日ピットロードに入っていたサーキット係員がセナの走行中に送信機に触れて向きを少し変えてしまったことにより送信機の角度がずれ、その直後の1LAP分のLAPタイムが0・5秒ほど速くなってしまいました。走行終了後、セナは公式にLAPタイムを計測し公表している主催機関に『公式記録がホンダと違っており、公式記録がおかしいのではないか』と抗議に行ってしまいました。それを知った私は、セナに事情を話し謝りましたが、そこまでホンダのことを信頼してくれているセナにホンダメンバーは皆感謝していました。

1987年から鈴鹿サーキットで開催されたF1日本GPで、テレビ中継史上世界初となる車体やエンジン情報をテレビ画面に表示できたのは、F1からPITに送っているテレメーター情報をサーキット上空のヘリコプターにも送信し専用のデータ処理を施して実現した結果でした。当時はテストに対する規制が無く自由にできたため、エンジンや新システムを海外で使用する前に必ず鈴鹿サーキットでテストを行いました。このF1テストは、ほぼ毎月実施され中嶋悟さんをはじめネルソン・ピケやナイジェル・マンセル、1987年からはアイルトン・セナも参加しており、非常に贅沢なテストであったと改めて思います。

私のF1海外出張デビューは1985年のクリスマス直前にポルトガルのエストリ

ルで行われたF1合同テストへの参加で、日本からロンドンに移動後、ロンドンヒースロー空港近郊のホンダF1拠点でテスト準備を終え、ポルトガルに向かいました。イギリスもポルトガルも生まれて初めての地で期待と緊張の中初めての海外出張でワクワクしていたことと、ポルトガルからロンドンへの帰路ポルトガルのリスボン空港でセナと初めて会ったことが懐かしく思い出されます。

私は監督と二人で1時間ほどセナと話しましたが、レーシングスーツを着てヘルメットを被ったセナしか知らなかったため話している間は、〝やたらレースに詳しくホンダエンジンのことを褒めてくれる若者だなぁ〟としか思っておらずセナと話しているとは全く思いもよりませんでした。

海外出張デビューから帰国した2週間後の1986年新年仕事始めの日に私は再びロンドンに飛び立ち、ここから1992年にホンダがF1から撤退するまでの約7年間海外対応メンバーとして年に6カ月から8カ月の間ロンドンを拠点に世界中のサーキットを巡る生活が始まりました。

1986年は、1月からの3カ月半と8月からの2カ月半、私は海外でのレース活動に従事し、開幕戦となったブラジルＧＰ（当時はリオデジャネイロで開催）が、私にとって初めてのＦ１レース対応でした。

当時はレースとテストがそれぞれ隔週に開催されましたので２週間を１サイクルとして行動しており、【土日】にレース準備をしてレーストレーラーを送り出し、【月火】にテスト準備をしてテストトレーラーを送り出すと、【水】にレースの事前会議を行い、【木～日】とレース開催国でレース対応をします。レースが終わると翌【月～木】にテスト開催国でテスト対応をしてロンドンに戻るというスケジュールで、あっという間に２週間が過ぎていました。私たちエンジニアも移動が多く大変でしたが、ドライバーのタフさには驚かされていました。

１９８６年は、アデレードで開催された最終戦のオーストラリアＧＰ前にコンストラクターズチャンピオンは確定し、ドライバーズチャンピオンもほぼ手中に収めていましたが、タイヤバーストによりドライバーズチャンピオンを逃がしてしまい大変悔しい想いをしたシーズンでした。

しかし、私にとって非常に嬉しく思い出に残る年となりました。なんと憧れの本田宗一郎が最終戦をアデレードで観戦し、レース後夕食を共にすることができたのです。ダブルチャンピオンを逃し落胆していた私たちに励ましの言葉をかけて頂くとともに貴重なお話や楽しい話をお聞きすることができ、就職留年をして良かったと心底思いました。この年に就職留年をさせてくれた父親が他界していましたので感極まるものがありました。

この年は国内レースでも大きな動きがあり、ホンダは国内最高峰レースのＦｏｒｍｕｌａ２（Ｆ２）にエンジン電子制御技術を投入することを決め、Ｆ１海外出張から帰国していた私は５月連休後から本格的に始まったこのプロジェクトの担当になりレースとテストに参加することになりました。４チームがホンダのエンジンを使って戦っていましたので、私は４チーム同時に新しいエンジン制御システムを搭載し、ほぼ毎週鈴鹿サーキットか富士スピードウェイでテストを繰り返し短期間での実戦投入を実現しました。

この時のＦ２ドライバーの中嶋悟さんは、翌１９８７年からアイルトン・セナと共にロータスチームからＦ１に参戦し輝かしい成績を残されています。

Ｆ１レースカーは走りに特化した車ですが、走る・曲がる・止まる機能を実現するに

憧れの本田宗一郎との思い出の１枚（1986年最終戦アデレード）

PHOTO／H・ITO

は一般乗用車と同じ機能の部品が必要となります。電装品に関しても、オーディオやウィンカー、ヘッドランプなどのように一般道を走るための機能やエンターテイメント機能こそありませんが、一般乗用車と同じような機能を持つ部品が使われます。

サーキットではドライバー毎に担当者が決められていますので、電装担当の私は、担当するドライバーの車に搭載されている全ての電装部品の走行前のチェックやメンテナンス、問題発生時の対応などを一人で行わなければなりません。そのため電装の担当者は、全ての電装部品の構造や仕様、エンジン制御システムや計測システムの構成やソフトウェアを理解しいつでも仕様変更ができるように準備しておく必要がありました。担当者は海外出張に出発するまでに全ての電装技術情報を集めて理解することは勿論ですが、特にソフトウェアに関しては他のエンジニアが開発したソフトウェアを海外出張中も何度も読み返しいつでも即座に変更できるようにしていました。

当時すでに10個近いコンピュータが使われ、各電装メンバーがその一つひとつの回路設計からソフト作成まで開発していましたが、日本と現地には時差があるためサーキットで問題の発生や変更依頼があっても開発担当者に頼ることができないため、海外に出張する電装メンバーは皆、その詳細を把握しておく必要がありました。

サーキットの業務で一番多かったのは、トラブルを除くと、エンジンコントロール制御アルゴリズムの変更でした。特にアイルトン・セナは少しでも良くするためにトライを重ねるため、常に制御仕様の変更を要求してきましたのでソフトウェアの変更とチェックをＰＩＴやガレージの片隅でほぼ一日中行なっていました。

主な目的は、サーキットの特性や路面状況、天候などの外的要因に適合できるようエンジンの性格付けを変えていくことで、効果の無い場合もありましたが、さまざまなトライによりエンジンの競争力は確実に向上していきました。

アイルトン・セナは、新しいトライをするために制御仕様の変更を決めると、練習走行中や予選中でもそれができるまで走行をやめて待っていることもよくありましたので、暗黙のプレッシャーの中で絶対に間違えてはいけないという緊張感を持ってソフトウェアの開発をしていたことを今では懐かしく思い出します。もちろん心の中では〝待ってないで走ってくれ！〟と叫んでいました。

一番厳しいソフトウェアの変更は、アイルトン・セナがレース直前に要求してくる時です。この場合、変更したソフトウェアを使ったテスト走行ができませんから、机上チェックのみでレースに臨むためリスクが非常に高くなります。

さすがに、いつかミスが出る可能性があると思いましたので、「リスク回避のためレース直前の変更は避けてほしい」と監督に要望したところ、「お前はこのためにサーキットにいるのだろう！」と言われてしまい返す言葉がありませんでした。

私は、逃げ道が無く言い訳することも一切できない、と肝を据えて完璧に業務をこなしてみせる、と誓いました。この経験は、その後の私にとって大きな糧となり考え方のベースとなっています。

セナの厳しい要求に応えるための開発を続けるとともに、セナが驚くような性能やシステムを実現してやろう！　という気概がホンダＦ１チーム全体に広がり相乗効果で競争力が向上し続けましたので、セナと一緒に戦えたことがホンダの成功の大きな要因であり、まさしくセナとホンダの目的と行動力が一枚岩になっていました。

セナ足という言葉をお聞きになったことのある方もいらっしゃると思います。ホンダメンバーは、データロガーの解析結果からセナ独特のアクセルコントロールをセナ足と呼んでいましたが、セナの要求によりエンジン制御の変更を行うためこのセナ足を解析する必要性が出てきました。通常のエンジン制御は、ドライバーがアクセルペダルを踏む量とそのスピードに瞬時に追従することが要求されますので（最近の自動ブレーキシステムや誤発進防止システムは違ってきています）ホンダのエンジン制御もF1ドライバーのペダル操作に精度良く追従するように構築されていました。

ところが1987年のメキシコGPでセナから、「メキシコのサーキットはバンピーなのでストレートでアクセルを全開にしていても車が飛び跳ねるたびにアクセルが戻ってしまう。なんとかしてくれ！」という依頼が来ました。もう少しわかりやすく補足しますと、〝メキシコのサーキットは路面状況が悪く凹凸によりレースカーが小さく跳ねるため、アクセルペダルを最大に踏み込んでいてもその衝撃で足が僅かにアクセルペダルから離れてしまいエンジンパワーが落ちてしまう。車が跳ねてアクセルペダルが戻ってもエンジンパワーが落ちないようにしてくれ！〟という要望です。

当然、予選やレースに適用することが前提となっていましたが、即座に対応できるかどうか判断ができなかったためまずはセナの走行データを解析し事象を把握することから始めました。解析を進めるとアクセルペダルを全開にキープすべきところで僅かな時間ですが戻っていることがわかりました。ホンダエンジンを使っているセナ以外の3名のドライバーにも同様な事象が起きていましたが、コンプレインがあったのはセナだけで、セナが妥協を許さず常に完璧を求めていることがここにも表れています。

エンジンはアクセルペダルの戻りに正常に追従してパワーを落としていますが、セナの要望を満たすにはドライバーの意に反するアクセルペダルの動きには反応しないエンジン制御を実現する必要がありましたので、アクセルペダルの動きに正常に追従しなければいけない時と追従してはいけない時とはっきりと切り分けることから始めることにしました。

ここでセナ足への取り組みが初めて出てきました。セナは、F1マシンをドライブ中常にアクセルペダルを3~5Hz（ヘルツ）の周波数で微妙に動かし続けていましたので、この動きが濡れた路面状況でも圧倒的な速さで走ることができた大きな要因だと思っていました。3~5Hzの周波数とは1秒間に3回から5回アクセルペダルを動かしていることを意味しています。

一方、バンピーな路面で車が跳ねアクセルを大きく動かす周期は5～8Hzであり1秒間に5回から8回発生していることがわかりましたので、アクセルペダルが5Hz以上の周期で大きく動く時にはエンジンをペダルの動作に追従させないようにする、という手法を決め制御を変更することになりました。5Hz以下の小さなアクセルペダル操作を常に行っているセナ足の動きを妨げてはならないため対策案としては成立しそうですが、本当に要望を解決できるかどうかは不明でした。

１９９１年からホンダはレース用ＤＢＷ（Drive by Wire）という技術を確立しアクセルペダルの動きをコンピュータで読み取り、最適なエンジンスロットル開度を計算してエンジン制御を行うことが可能になりましたが、１９８７年当時のＦ１レースカーはアクセルペダルがワイヤーを介してエンジンスロットルと直結していましたので、アクセルペダルが戻るとエンジンスロットルも戻るという機械構造のためソフトウェアでアクセルペダルやエンジンスロットルを直接制御することができませんでした。

エンジンは吸気した空気量に適したガソリン量を噴射してパワーを出しますので、エンジンスロットルが戻り吸入空気量が減るとガソリン量も減り燃料噴射量の制御でセナの要望をかなえることはできないため、当時使われていたターボ制御での実現を検討しました。ターボの無いエンジンは、ほぼ大気圧に近い空気を吸気しますのでアクセルスロットルの開度によりエンジンパワーが決まりますが、ターボはエンジンが吸気する空気圧を加圧してエンジンに吸気します。

その頃は大気圧の4倍から6倍ほどの圧力まで吸気する空気を加圧していましたので、この圧力を制御することにより実現することにしました。大まかにはエンジンに入れる空気圧を4倍に加圧するとエンジンパワーも4倍になると考えられます。空気は高速回転する過給機で加圧されますが空気量が変化する速度は遅いため、空気量の制御は燃料噴射制御や点火制御に比べて追従性、精度ともに悪くセナを満足させられるかどうかは判断できませんでしたが、とにかく翌日の走行に投入できるようサーキットのピットで詳細仕様の検討とソフトウェアの設計、製作に取り組みました。再度ソフトウェアを作り直す時間はありませんので、翌日の走行を想定して考えられるあらゆる事象にセッティングデータの変更だけで対応できるような冗長性のある仕様としました。

一日の走行が終わるとエンジン交換をして翌日の準備に備えるため日付が変わる頃

アイルトン・セナと働けたことはＦ１エンジニアとして最高の財産となっている

セナの要求は常に厳しいが、新しいことにチャレンジしての失敗に対しては寛容だった

PHOTO／HONDA

までサーキットにいますが、それでもソフト作成とチェックが終わらないため必要な機材をホテルに持ち込み唯一100Vのコンセントがある洗面所の脇で開発をしていました。仕様を作り機能を確認すること以上に気を付けなければならないのが、新制御を投入することによりセナが要求していない動作にまで影響を与えることがないという確認をすることです。

この確認には、あらゆるセナのドライブパターンを想定してチェックする必要があるため、同室の電装メンバーと2人で徹底的な動作確認を繰り返し翌日に備えました。早速、セナの車に投入し確認してもらうと高評価であり、さらにセッティングを繰り返し進めることでセナからOKサインが出た時には胸をなでおろしました。この仕様はすぐに他のドライバーにも投入され、パンピーなサーキットで威力を発揮することになりました。

研究所で全ての開発が行われているのにサーキットでの変更が必要になる理由は、サーキットのコンディションが国ごとに違い、さらに同じサーキットでも年によって状態が違うこと、さらに天候や日によっても変化するためです。まさにレースは生き物であるため、研究所で決めたことをベースにその時のベストの実力が発揮できるようにすることが求められます。例えば、夜中に強風が吹きサーキットの表面を小さな砂が覆うだけでも、翌日にはエンジン担当、メカニック、ソフト担当にとって一から出直しの対応が必要になってきます。

セナは100分の1秒、1000分の1秒速くするために何をするのが良いかをドライバーの立場から常に考えて提案してきましたので、その一つひとつをトライし効果の有無を確認して実戦投入していきました。中には、効果が無いと思われる提案もありましたが、それを説明するよりもまずは実現し次に備えることが重要です。

エンジニアでしかわからないこと、ドライバーでしか分らないことをお互いに補完し合いながらマシンのポテンシャルを上げていくには、チャレンジングな開発が必要でほぼ毎レース改良したエンジンを投入していました。またエンジン制御の研究も日々進化を続けるとともに、新システムや新デバイスの開発も休むことなく進められていました。

そのため、日本にいる開発部隊はレースごとに改良された新エンジンから最高のパフォーマンスを絞り出すため各サーキットの特性に合わせたエンジン耐久試験を行い、まさにレース距離を走行するとちょうどエンジンが壊れるくらいぎりぎりのところまでエンジンのパワーを上げるためにセッティングを繰り返します。高回転が続きエンジン負荷が大きいホッケンハイムのような高速サーキットやエンジン負荷は小さくてもレスポンスが重要なモナコのようなサーキット、その両方が求められる鈴鹿サーキットなど低速サーキットから高速サーキットまでいろいろな特性に合わせレース戦略も加味した開発と耐久、エンジンの使い方が求められていました。

このように数馬力でもパワーを向上させ続けるための開発を日々行っていましたが、開幕戦が終わるとホンダにとって非常に重要なレースである鈴鹿サーキットで行われる日本GPの準備に取り掛かるため4月くらいからは2つの開発が並行で進められていました。レースチームは〝鈴鹿スペシャル〟と呼んでいましたが、日本GP用のエンジンは半年間かけて必勝を目標に開発が続けられました。

このようなホンダの開発理念、開発姿勢を理解していたセナも、レースに勝つために今できること、今後やるべきことを常に模索し短期、長期の展開を描いていました。レース毎に投入される改良エンジンや制御の改良に対し問題が発生しないよう万全を期していたものの、不幸にもレース中に問題が発生しリタイアに至ったことが幾度かありました。

その度にホンダスタッフは、申し訳ない気持ちでその技術的な原因追及を行うとともに開発手順や確認手段に抜け漏れがなかったかの検証を行いました。これらの解析結果は次のステップへの大きな糧となり更なるチャレンジにつながりましたが、このチャレンジが続けられた背景には開発に対するエンジニア顔負けのセナの考え方が大きな影響を与えていたと思っています。

レース中に問題が発生しリタイアに繋がっても「新しい技術にチャレンジをした結果だから気にせず、今後もホンダはチャレンジを続けてほしい」と云って不満を口にすることはありませんでした。同じ問題の繰り返しには厳しさがありましたが、チャンレンジの結果発生した問題に対しては常に解明することに協力してくれました。

１９８９年第５戦アメリカグランプリのレース中、セナがドライブするマクラーレンの車に突然ミスファイアが発生しました。ミスファイアとは、エンジン内でガソリンと空気の混合気を燃焼させるための点火が正常に行われないことで、大きなエンジンパワーの低下とドライバビリティの悪化を招きます。散発的な発生でしたが競争力は大きく低下しレースを継続することが難しい状況になっていきましたので、ホンダスタッフはセナがピットインした時に対応すべき準備を終えピットインの連絡を待っていました。症状から明らかに電装系に原因があると確信していたため、最少時間で交換でき対応効果が最も期待できる点火ユニットと点火コイルを交換することを決めていました。セナがピットインするとマクラーレンのメカニックがカウルを外し車の上に持ち上げている間に私が点火ユニットを、ホンダのメカニックが左右の点火コイルを交換し30秒ほどでピットアウトしていきました。

レース中にピットインをすると交換作業時間に加えピットロードを走行するタイムロスも発生するためレース展開や戦略は大きく変わります。例えばトータルで45秒のタイムロスが発生すると、たとえセナが他のドライバーより1・5秒速いラップタイムを刻めてもそれを挽回するには30ＬＡＰ必要になりますので、レース中に問題が発生しピット作業が必要になった時は最少時間ですませてポイント圏内に残ることが重要になります。

ピットアウト後暫くすると無線でセナからミスファァイア再発の声が飛び込んできました。次のピットインでは、エンジン制御ユニット、点火プラグなどが交換対象になりますが交換に時間がかかるうえに、2回目のピットインということでポイント圏内に留まることはほぼ不可能になります。しかし、このまま走行を続けてもエンジンパワーの低下により満足のいく結果が得られないためピットインして再度交換しましたが、2回目のピットイン後も症状は改善されることなく原因も特定できない状況で3回目のピットインをすることになりました。

3回目のピットイン時にセナが「原因究明のためになんでもするから試せることをやっていい」と云ってくれましたので、これまで交換したデバイスを再度全て交換すると共に、原因究明のために順次交換して症状の確認をしてもらいました。4回ほどピットインして車体ハーネス以外を全て交換しましたが原因が特定できなかったため、今これ以上やれることが無いことを伝えお礼を言って車から降りてもらいました。

2週間後に控えたカナダグランプリ迄に原因を究明して対策を講じる必要がありましたが、セナの協力によりレース中に交換不可能な車体ハーネスを除いたデバイスや他のハーネスに問題ないことが確認できていましたので車体ハーネスに絞って解析を進めることができました。

車体ハーネスを取り外し分解して電線とコネクターの接続を一本一本確認すると共にハーネスへの部品接続状況の確認も進めていきました。また、F1エンジンには強力な点火システムを使っていましたので、その点火ノイズがエンジン制御用のコンピュータに悪影響を及ぼしている可能性も考慮して解析を進めましたが原因を特定することができませんでした。

テストで発生せずレースで突然発生していたためその違いを調査したところ車体ハーネスに接続される部品がテストとレースで違っていることがわかりましたが、その違いが本当にミスファイアの発生に結び付くかの確信を持つことはできないまま、とにかくカナダGPに向けて電磁ノイズタフネスを向上させる手段を講じました。

カナダでセナから「今回は大丈夫か?」と聞かれた時に「大丈夫」と答えはしたものの、心の中でその後に〝と思う〟と付け加えている自分がいました。対策した箇所が原因であれば良い方向に行くと思っていましたが、現象の再現ができていなかったため正直自信はありませんでした。アメリカからカナダへは直接移動するためカナダのサーキットで解析を行いましたが、1秒間に1200回以上の点火を行っている中で1LAP中にミスファイアが数百回発生している事象をテスト設備のないサーキット内で再現することは不可能な状況でした。しかし、電磁ノイズタフネスの向上対策が功を奏したと思われ、その後のレースで同様の問題が発生しなかったことはセナの協力のおかげで、更なるノウハウも積み上げることができました。

当時、サーキットでは1台のドライバーに対し、エンジン担当2名、エンジンメカニック1名、電装担当1名からなるホンダチームで対応していましたのでトータル10〜12名ほどのホンダメンバーがレースとテストに参加していました。常に全員で情報交換を行いながら問題が発生した時や大きな改良が必要な時には意見を出し合い長時間に及ぶ議論をしていました。これは、現地メンバーが、サーキットで起きた不具合はサーキットで解決しない限り、不具合の再現や原因解析ができず必ず再発するということを、身をもって知っていたためです。

1987年のターボエンジンの時代に、エンジンがブロー（壊れる）する事象がたまに発生していました。日本の研究所で各サーキットに合った条件で耐久試験を行っていますので、その設定値内で使用すればエンジンがブローすることはないはずですが、レースでは状況が頻繁に変わるためギリギリを狙っている中で想像以上にエンジンにとって厳しい状態になっていることも考えられました。

　この問題を打開するため、サーキットにいるホンダメンバーが全員集まって話し合いが始まり、さまざまな意見が出されました。この会議が始まった時はエンジンパワーを維持したままいかにエンジンブローを防ぐかについて議論していましたが、エンジンのチーフメカニックより「ストレートエンドでエンジンパワーを下げたら良いんじゃないの！」との意見が出され全員一致でトライすることに決まりました。

　当時のレースカーは6速のマニュアルトランスミッションを使用していましたのでストレートエンドでは6速ギアで最高速度に到達していました。最高速度に達しそれを維持するためにはエンジンに高負荷をかけ続ける必要があるため、時として厳しい状況になっていることはわかっていました。ストレートでいち早く最高速度に達し、それを維持することが他車を抜くための必須条件のため、どのようなパワーの下げ方であれば競争力を維持することができるのかという議論に移っていきました。

これまでのようにエンジンパワーを常に最大限に発揮させることで最高速度に到達するまでの時間を短くし且つ最高速度を維持するというエンジン制御から、エンジンパワーを下げても最高速度に到達するまでの時間を変えることなく最高速度を維持するという新しい制御仕様の検討に入りました。

確かにジャンボ機も離陸は4基のエンジンが必要ですが定常飛行では1～2基のエンジンでも可能であると聞いた記憶がありますのでまさしく同じ考えでした。議論の末、エンジンに大きな負荷がかかる状況が続いたら、最高速度が維持できるところまでドライバーに感じさせないように徐々にエンジンパワーを下げるてみることにしました。サーキットや状況により細かいセッティングが必要になりますので冗長性を持たせた仕様にしてエンジン制御ソフトの作成に入り翌日の走行で試してみることになりました。実際の走行では、エンジン負荷が増えて耐久性の面で厳しくなるストレート終盤で段階的にパワーを下げ、最終的に約5％、40馬力ほど低いパワーで走行したところ最高速度を維持したままエンジン負荷を減少させることができました。

またドライバーからもパワーの低下を感じずドライバビリティに問題ないとのコメントがありましたので早速正規仕様として採用され、それ以降同様のエンジンブローが発生することがなくなりました。

このように専門領域にとらわれず勝つためにすべきことを常に議論し続けたことが勝利につながっていましたし、またそのような仕事面での結び付きは、レース以外で経験することができなかったと思っています。

現地での生活においてもF1での海外出張中は、メカニック、エンジン担当、電装担当で総勢10～12名程の出張者がロンドンのヒースロー空港近郊の一軒家に2～3名に分かれて入居し自炊をしながら共同生活を送っていました。同じ目標を持つ者同士が仕事で助け合い、自炊をしながら長期の共同生活を送ることで非常に堅固な人間関係を築くことができ、30年以上経た今も通常のサラリーマンでは得られない素晴らしい関係が続いています。

このようにレースで転戦することにより自分自身成長することができたと思っていますが、特に気を付けていたのが〝正直さ〟です。レースに向けてドライバーは、車体とエンジンの仕様を次々に変えながらレースカーのセッティングを繰り返して車を仕上げていきますので、迅速で正確な対応が求められますが、その中でミスセッティングを犯してしまうこともあります。

エンジンセッティングが終了すると直ちにピットアウトしてテスト走行を始めます。ここでミスに気付くと青ざめてしまいますが、即座にそれを伝えて場合によってはすぐピットに戻ってきてもらわなければなりません。これは一番やってはいけない嫌なことでドライバーやチームからは怒った冷たい視線が向けられますが、どんな時も正直に振る舞うことが重要であり、嫌なことを打ち明ける勇気のようなものを学ぶことができました。最善を尽くし、万が一間違えたら正直に迅速に対応することが人生全てにもつながると思っています。

また、第二期のレース活動で忘れられないネルソン・ピケの言葉があります。1986年、ウィリアムズ・ホンダは非常に強力なエンジンを持って戦っていましたが、シーズン中盤まではエンジンブローが多く、トップを走行中リタイアすることもありました。ネルソン・ピケもトップ走行中にエンジンブローによりリタイアとなったためピットに戻ってきた時に数人のホンダメンバーで〝申し訳ない〟と謝りに行ったところ、「気にするな！　レースに勝てるのは良いエンジン、良い車体、良いドライバー、運の4つの条件が揃った時。今日は、たまたま運が無かっただけ。ドライバーも失敗してリタイアすることがあるからお互いさまだよ」と怒られるどころが、慰められ勇気付けられたことを思いだします。この時、今後ホンダが原因となるリタイアを絶対にしないようにしようと誓っていたことを鮮明に覚えています。

私は、第二期F1で、1985年と1986年はウィリアムズ、1987年はウィリアムズとロータス、1988年はマクラーレンとロータス、1989年からはマクラーレンとともに仕事をして参戦してきましたが、1987年のイギリスGPで中嶋悟さんが4位になりホンダが1－2－3－4フィニッシュをしたこと、1988年に16戦15勝したことなど、非常に刺激的で印象的な場面に居合わせたことが大きな思い出です。

また、ネルソン・ピケ、ナイジェル・マンセル、アイルトン・セナ、中嶋悟さん、アラン・プロスト、ゲルハルト・ベルガーという素晴らしいドライバーの皆さんとともに仕事ができたことは最大の宝物、財産となっています。

4〈電気自動車〉

１９９２年中頃、ホンダが数々の輝かしい結果を残した第二期Ｆ１レースからの撤退を決めた頃、ホンダで初めての電気自動車となる〝ＥＶ ＰＬＵＳ〟の開発が本格化していました。私は、そのプロジェクトへの参加希望を出しＦ１最終戦終了と同時にモーター制御担当として加わることができました。

電気自動車にはモーター制御技術が必要となりますが、私は、Ｆ１で使用していたステッピングモーターの制御知識しか無かったためモーターの原理とその制御方法をマスターするため専門書を読んだり、チームメンバーから教えてもらったりして徐々に知識を増やしていきました。

モーターを駆動源とする電気自動車にはガソリン車と異なる、もしくはガソリン車には存在しない車の挙動が多くありますので、単に車を走行させる機能を構築するだけではなく特有の車体挙動や安全性に配慮した全体制御を構築しなければなりませんでした。〝ＥＶ ＰＬＵＳ〟を開発している頃には、自動車を走行させるための要件を満たすモーターやバッテリー、モーター駆動用デバイスが世の中で一般的ではなかったため、チームメンバーが、それらのユニット開発や高電圧に対する安全性システム、モーター特有の挙動に対する安全性システムなどの開発をすべて内部でおこなっており、各領域の専門部隊はそれらの技術の確立に全力を注いでいました。

電気自動車では、これまで補器デバイスの一つであったバッテリーやモーターが大容量に姿を変えて自動車の主デバイスになりましたので車作りや安全性の考え方が大きく変わっていきました。

ホンダ初の電気自動車は１９９６年にアメリカで市販化され大きな反響を呼び、チームメンバーが確立した技術はその後のハイブリッド車の開発にもつながりましたので、生みの苦しみを味わった開発メンバーの苦労が報われました。

その後、電気自動車やハイブリッド車の核となるモーターやパワーデバイス、バッテリーの開発が、専門メーカーの参入により加速し、さらには電気自動車の制御に特化した機能を持つＣＰＵ（コンピュータ）が開発されたことにより技術のすそ野が広がりました。各部品は、機能向上や小型軽量化、効率向上が達成され20年前の電気自動車と比べるとはるかに高性能で使い勝手の良い電気自動車やハイブリッド車が開発され市場に投入されてきています。

　電気自動車の開発を終え、次の開発目標であったハイブリッド車の開発準備をしていた1997年4月再度レース開発に戻ることになりました。

5 〈第三期F1〉

　再びレースチームに戻ることは全く想定していなかったため寝耳に水の出来事でしたが、5年ぶりとなるレースには、国内のGTレース、アメリカのCARTレース、当時の無限社のF1サポートの3つのカテゴリーの電装開発責任者として復帰しました。

　私にとっては、国内GTレースとアメリカのCARTレースは初めてのカテゴリーでしたが、F1も5年ぶりとなるため新たなカテゴリーの気持ちで取り組むこととしました。私は、まずは現状を知る必要があると思い、国内、アメリカ、ヨーロッパの出張を繰り返しながら他チームとホンダが置かれている状況を把握し、またレース電装品の技術進化レベルと今後の方向性を探ることに注力しました。

その結果、F1とCART領域ではホンダの電装技術が遅れていることがわかりましたので、早急に対応すべきことと少し時間をかけて対応すべきことに分け早速開発に着手しました。

さらに、F1の視察を繰り返すうちに第二期との大きな違いを見つけることができました。第二期ではエンジンの競争力がチームの競争力を決定付けていましたが、1992年の撤退から5年の間で車体の開発力が大幅に向上し、エンジンと車体双方の競争力とパッケージング力が勝敗を決めていることがわかりました。

第二期で強力なエンジンを搭載して勝利を掴んでいたチームが、そのエンジンの供給を受けられなくなり競争力を失って勝利から遠ざかると、エンジンのみに頼らず競争力を向上させるために車体開発に注力し結果を出し始めたことがF1の車体技術を向上させていると思いました。もちろん強いエンジンを使用すればさらに競争力がUPすることは明白です。

また、第二期のF1当時は、同じデザイナーの設計でもシーズン毎に競争力の優劣があり、大きく低下するシーズンもありましたが、1997年の段階では競争力が上がらないことはあっても前年度から低下することが無くなっていました。これは車体設計技術が構築され個人の感性や知識のみに頼ることなく車体挙動などが解析できるシステムの構築やそのデータベース化がしっかりできてきているためだと感じました。

私がこの３つのカテゴリーのレースの電装開発を本格化し始めた頃、新たな動きが起こりました。

１９９８年になるとエンジン開発担当の管理職数名が、第三期Ｆ１復帰について検討を始め、新米の管理職であった私は、電子技術担当として参加するように指示を受けました。その時点で、検討メンバーに車体技術の担当は含まれていませんでしたが、Ｆ１復帰検討メンバーの間では、第三期Ｆ１復帰の大前提として車体技術の参戦を決めていました。電子技術に関しては、５年間の間にＦ１チームの電子技術が大きく進歩したことにより、ホンダが大きく後れをとっていましたので、復帰に向けて早急の体制作りが必要な状況でした。

さらに車体も自前で製作して参戦するためには、これまで経験のない車体制御用の電子システムが必要になるため、私は早速ヨーロッパに向かい車体制御に要求される仕様の調査を始めましたが、この頃は一部の管理職がかかわる極秘で非公式なプロジェクトであったため海外出張の行き先を公にすることなく活動していました。

調査を進めるうちに、Ｆ１を含めたレースに使用する電装技術は、ヨーロッパにある数社の電装開発会社に集約されていることがわかりましたので、代表的な3社を訪問しＦ１の背景や技術について情報交換を行いました。

ヨーロッパでは、自動車レースは国民的スポーツで幼児からおじいちゃん、おばあちゃんに至るまで家族ぐるみでサーキットに来て数日間楽しみますし、ヨーロッパ各国からキャンピングカーで旅をしながら観戦に来ている人達も大勢います。そのためＦ１を含めレースのすそ野が広く、数多くのレースカテゴリーが存在しますが、Ｆ１以外のカテゴリーでそれぞれが独自に電子技術を開発することは不可能なためレース専用の電装システムやコンポーネント、ハーネスなどを開発するさまざまな会社がヨーロッパには存在しています。

２０００年からのＦ１復帰を想定し、私は電装システムをホンダ内部で開発する計画を立てましたが、非公式のため開発を始めることも人を増やすこともできない状況でした。５年間のブランクを考慮すると２０００年から参戦するには、１９９８年の前半から開発を開始しないと間に合わないと思っていました。

しかし、実際に動き始めたのは後半に入っていましたので、私は、２０００年からＦ１界トップの電装システムを開発することは断念し、三カ年計画で電装技術を毎年進化させて２００２年にＦ１界でトップとなる技術を構築する計画としました。

開発開始の遅れにより、私は、２０００年のＦ１復帰時に全てのシステムを自前で揃えることができないことも想定し、まずはエンジンと車体を制御するシステムの構築を最優先課題として開発に着手すると同時に、計測システムの開発が間に合わない場合にヨーロッパにあるレース用電装開発会社の計測システムを使えるよう話を進めていました。

しかし、約1年にわたるスタッフの粘りと頑張りが、２０００年のＦ１復帰に必要な機能を全て備えた電装システムの開発を成し遂げました。時間のない中での開発でスタッフにとっては満点とは言えず及第点ギリギリでしたが、第三期のＦ１復帰時に他社の電装システムを使用せず全て自前開発で揃えられたことには非常に大きな意義がありました。その後は驚くべきスピードで機能の向上と小型軽量化を推し進め、２００１年終盤には当初の計画通り他社を凌ぐＦ１用電装システムを完成させ２００２年から投入することができました。

　その後も進化し続け、１９８７年にホンダが初めて実用化に成功したテレメータシステムにおいては、受信データ数や受信頻度が飛躍的に向上するとともに、ＰＩＴから遠く離れたコース上やトンネル内をレースカーが走行中にレースカーからの電波が途切れテレメータデータが受信できなくても、電波を再受信した時にテレメータデータも再受信できる機能なども開発し、Ｆ１レース界で最も優れたシステムとなりました。

　また、新たな測定システムとして、ドライバーがどのようなコース取りをしているのかを知るためにレース用カーナビゲーションシステムの開発にも着手しました。このシステムは、ＧＰＳ用の人工衛星から発信される信号を使って２〜３㎝の精度でコース図を描き、コース図上にドライバーの走行軌跡を描き走行軌跡を解析することを目的としていましたが、実現するには、ＧＰＳの専門技術が必要なため専門メーカーと共同でＦ１に搭載できる小型の高性能システムの開発を行いました。

　専門メーカーにとっても高精度且つ高速走行下でのナビゲーションシステムは初めてで相当なチャレンジでしたが、ヨーロッパのサーキットでテストを繰り返し約1年の開発期間で見事達成することができました。完成後は各サーキットでスクーターの後ろにGPSの入った箱を積んでコースの計測を行い、F1カーに小型のシステムを積んで走行軌跡の計測を行いました。

　サーキットデータも集まり始めた頃FIA（国際自動車連盟。国際自動車レースの統括機関）からコース計測禁止のお達しがでたため当初の目的を達成することができなくなってしまいましたが、さまざまな技術チャレンジの一つとして興味深い経験ができました。

　もともと、私は2002年に目的とする電装システムが完成したら後進に道を譲り2003年から量産開発に戻る予定で上司とも話をしていましたが、2006年F1シーズン終了までレース開発に携わりました。

6〈電装R開発〉

２００６年Ｆ１シーズン最終戦のブラジルから帰国後、10年間に及ぶレース活動を離れ、電装システムのリサーチ部門に責任者として異動しました。この部門は将来の量産車に搭載するさまざまな電装技術の研究・開発を行う部門で、カメラやレーダーを使った自動車の安全システム、インフラとの通信機能を使った社会全体としての安全システム、新規のエンジンやトランスミッションなど自動車自体の制御システムの開発を担っていました。私が異動した時、安全システムの基本技術は既に完成し実用化に向けた開発段階に入っていました。

自動車を取り巻く電子技術の動向を見ていく中で、自動車メーカーの電気系エンジニアには大きな転換期が訪れていることを強く感じました。私が自動車メーカーに入社した当時は、自動車の電子化は黎明期でありそれを実現するために必要な電子制御用コンピュータやデバイス、制御アルゴリズム、ソフトウェアなどの要素技術は自動車メーカーがそのほぼ全てを開発していました。開発範囲は電子システムの設計・開発から試験、量産までの全ての領域に及び電気系エンジニアの活躍の場が大きく広がっていました。

その後、自動車の電子化が進むにつれさまざまな電気メーカーが自動車の研究に着手し始め、その研究成果を基に各社が得意とする技術をベースに自動車に必要なデバイスや部品の開発とその供給を行うようになり自動車を取り巻く電子技術の環境が変化していきました。自動車メーカーが電子システムの研究・開発から量産までの全ての開発を担っていた時期を第一世代とすると、自動車メーカーが電子システムの研究開発を行い、電気メーカーが量産を行う第二世代を経て電気メーカーが電子システムの研究開発から量産までのほぼ全ての開発を担い、自動車メーカーに技術提案するという第三世代に移行してきています。

これは機能面やコスト面でユーザーにとって大きなメリットをもたらしますが、自動車メーカーにとっては独自性をどのように訴求し、さらに自動車メーカーの電気系エンジニアにとっては、どのような位置付けになっていくべきかを改めて考え定義する新たな時代に入っていると感じていました。

エンジンは自動車メーカーでなければ設計開発から商品化までできませんが、その他の技術に関しては自動車メーカー以外でも商品化が可能で特に電気の領域では電気メーカーとの共創なくして自動車の製品化はできなくなっています。

自動車メーカーの電気系エンジニアはどうあるべきか、を模索していた時に、料理の世界を紹介している番組に目が留まりました。そこで料理人の技を極める姿に心を打たれた私は、技術者も同じであるとの想いから電気系エンジニアは電気電子技術の良い料理人になるという目標を立てました。お客さんに満足してもらえる料理を極めるにはレシピを作ることに留まらず、こだわりを持った良い素材を見抜き、それがどのように作られているかを理解し、その作り方が目的とする料理に適するかを判断する能力が必要になります。さらに、目的とする料理の姿や味をイメージできる習熟した感性を持つことにより、状況に応じた微修正にも対応できると感じたからです。職種を問わず基本は全て同じであると改めて感じることができました。

そのため、単なる技術の構築に留まらず、自動車に求められるレシピとしての機能を設計し、その実現に必要な技術の目利きができる人作り組織作りに重点を置いた施策を立てました。

薄暗いところでカメラを使って撮影する場合、画像素子の性能を上げるのかレンズの性能を上げるのか、もしくは画像処理をする認識ソフトウェアの精度を上げるのかによりコストや大きさ、重量が異なってきますのでそれぞれの技術の長所短所を理解でき目的に合った手段を選べることが重要になり、この目利きが求められるからです。

また、同じく安全システムのレシピについても場合分けが必要となり、20歳前後の若者が持つ認識能力や反射能力に及ばない人には若者との能力差を補完するような機能、また人の弱点である集中力の一瞬の低下が運転に及ぼすような悪影響を最小限にするための機能などが必要になります。

このように人が持つ最大限の能力を維持し続けることを目的とした機能から、さらなる向上を目指し、暗いところや逆光などに対する視覚認識力や反応時間の無いリアクション能力など人が持ち得ない能力を提供する機能までを必要に応じて実現することにより、人の移動能力をはるかに凌ぐ自動車をより安全な乗り物として社会に提供することができるようになります。

当時は、このように車に与える機能（レシピ）を明確にしながらシステム構築と技術開発を進めていましたが、十数年の歳月を経て、今では多くの自動車に安全システムが搭載され進化を続けている中で当時想定していた機能はほぼ実現されつつあることに大きな喜びを感じています。

２００９年4月、リサーチ部門の再編により入社以来所属していた四輪研究所を離れ基礎研究所に異動することになり、**歩行アシスト**と出会うことになりました。

第2章　なぜホンダが歩行アシストなのか

7〈出遅れた電子制御〉

ホンダは1946年に旧陸軍が使っていた無線用発電機を改造したエントツ型エンジンを自転車に搭載した通称〝バタバタ〟と呼ばれたオートバイの販売を始め、翌年にはA型自転車用補助エンジンの開発と生産に成功し、二輪車メーカーとしてのスタートを切りました。さらに、1963年にはホンダ初の四輪車となる軽トラックT360／T500を発売し四輪車メーカーへの仲間入りを果たしました。

四輪車・二輪車・汎用機器・飛行機とパーソナルモビリティを製造販売してきたホンダが歩行アシストを商品ラインアップに加えたことを不思議に思われる方は多いと思いますが、これこそホンダ精神の一つでもある『ピンチはチャンス！』を実践したものでした。

人それぞれ歩き方は違いますが、歩行アシストは、装着している人の歩き方を瞬時に認識しその人に違和感なく最適なアシストができるような構造と制御アルゴリズムを持ち、疾患や加齢によりリハビリテーションが必要になった人の歩行訓練に使って頂ける機器として商品化に成功しました。

歩く時に使われる筋や関節、体重移動など歩行に関わる体の動きを解明するため、歩行解析技術と歩行理論を構築しさらにそれを実証するため二本足で歩く機器を開発して歩行の研究を進めてきました。

二足歩行機器（いわゆる二足歩行ロボット）の実現には、最適な機構、脚を動かすためのアクチュエータなどのデバイス、歩行環境や歩行状態に合わせて的確にアクチュエータを制御できる頭脳であるコンピュータが必要になります。このコンピュータにＣＰＵと呼ばれる演算処理を行うチップを複数個搭載することにより、制御に必要な情報を読み込んで最適な制御方法を計算し的確にアクチュエータを駆動できる高度で高速な処理を可能にしています。

この二足歩行ロボットのコンピュータシステムは、五感から得た情報を大脳や小脳を使って認識・判断し筋や関節を最適に動かしている人の制御システムとほぼ同じ構成と役割を担っていますが、ロボットに求められる高度な電子制御技術をホンダが早期に確立できた背景としては、自動車エレクトロニクス化のスタートにおいて他社の後塵を拝したことが挙げられます。

ではなぜホンダは自動車の電子化というカテゴリーで他社に後れをとってしまったのか？その理由を説明するため、今から50年以上前のアメリカで起きた環境問題に目を向けたいと思います。

当時アメリカでは環境悪化により人の健康に害を与える汚染などを改善することを目的に大気浄化法（後に改定されマスキー法と呼ばれました）が制定され自動車業界に大きな衝撃と変化を与えることになりました。この大気汚染は人類の歴史と深く関わり18世紀にその端を発しています。

18世紀後半にイギリスで起こった産業革命以降さまざまな機械や蒸気機関などが開発され、生産技術や人の移動及び物流に大きな進化をもたらし人々の生活はますます便利になっていきました。それを動かすエネルギーも石炭から石油へと進化を続けエネルギー消費量は増加の一途を辿りましたが、その精製や消費段階で発生する大気汚染物質も増加し人々の健康に害を与えることが心配されるようになっていきました。

１９５０年代に入るとアメリカでは、スモッグによる大都市の大気汚染が悪化しカリフォルニアなどでは地方自治体による大気汚染低減に向けた取り組みが始まりましたが、1963年12月に国家レベルでの大気浄化法を制定し工場などの固定された汚染発生源と自動車のような移動する汚染発生源への規制を制定しました。

この法律は酸性雨対策やオゾン層保護のために自動車の排出ガスの削減、二酸化硫黄排出量の削減、フロン、四塩化炭素全廃が主な内容で、その後1970年に大幅な改正がなされ提案者であるアメリカ上院議員のエドムンド・マスキーの名前より通称マスキー法と呼ばれるようになりました。マスキー法は1975年以降に製造する自動車の排気ガス中の一酸化炭素と炭化水素の排出量を既存の車の10分の1以下に、さらに1976年以降に製造する自動車の排気ガス中の窒素酸化物の排出量を既存の車の10分の1以下に義務付けるという非常に厳しい規制内容となっていました。

マスキー法に準拠するために世界中の自動車メーカーが研究を始める中、ホンダは他の技術に頼ることなくエンジン本体で有害な排気ガスの発生を抑えるという本質的な考え方のもと新しい燃焼システムの開発に没頭しました。技術陣の努力の結果、エンジンの燃焼改善を実現したCVCC技術を確立し、世界で初めてマスキー法をクリアできる新エンジンの開発に成功したホンダはその技術力を世界に知らしめることができました。

　1973年のオイルショックによりマスキー法の施行は延期されましたが、ホンダはCVCC新エンジンを搭載した車を発売し大気のクリーン化にいち早く貢献することができました。環境問題は世界の共通問題との考えによりトヨタ、いすゞ、フォード、クライスラーなどにもCVCC技術ライセンスの無償提供をしましたが、その後触媒技術やエンジン本体の燃焼解析技術の進歩により、発生した有害な排気ガスをろ過する技術や発生を抑える電子技術を利用した燃焼制御技術が開発され世界的な流れにはなりませんでした。燃焼制御技術の確立には1971年頃から出現したマイコンが大きな役割を果たしていましたが、これは自動車業界のみならずその後の世の中を大きく変えることになりました。

　マイコンとは、マイクロコンピュータの略語で数センチ四方の半導体の中に頭脳が入った半導体部品で、現在ではスマートフォンや家庭電化製品をはじめあらゆる生活環境の中で使われておりマイコンが無ければ日常生活が成り立たないほど重要で身近なものになっています。

ホンダが四輪メーカーとして世界的に競争力を手にするきっかけとなった初代シビック

不可能と思われた厳しいマスキー法を世界に先駆けクリアしたＣＶＣＣエンジン。世界最高の排ガス対策に加え、1974年から４年連続でアメリカＥＰＡの燃費１位に輝いた

PHOTO／HONDA

1971年に出現したマイコンは、非常に機能が限られたものでしたが、さまざまな業界でその使用方法が検討され導入され始めました。自動車業界でもその活用が検討され、エンジンへの適応研究ではそれまでのメカニカル式のエンジン駆動からマイコンを使ったエンジン制御が開発され技術が確立されていきました。

さらに、マイコンで制御を行うためには、エンジンの状態を正確に知る必要があるため、マイコンの出現は同時にセンシング技術の進化ももたらしました。マイコンを使ったエンジン制御システムは、単にマスキー法に対応できるのみならず、さまざまなセンサーによりエンジンの状態をリアルタイムで把握することにより時々刻々と変化するエンジン状況に瞬時に適切に対応でき、これまでとは違う新エンジンの開発にも結び付く可能性があるため、エンジン制御の研究はその周辺デバイスの開発も含めて加速していきました。

ホンダも今後のエンジン制御におけるエレクトロニクスの必要性と潜在的な可能性を認識し開発に着手し始めましたが、皮肉なことにエンジンの基本研究により他技術に頼ることなくマスキー法をクリアしたＣＶＣＣ技術の確立によりホンダは電子化に後れをとり、ホンダがエンジンの電子制御の開発に着手した時には、既に他社のエンジンは電子制御へと置き換わっており、1970年代終わりにはマスキー法に対応できるエンジン制御技術が確立されていました。

8〈次元を上げて〉

大きな可能性を秘めたマイコンは、小型化と性能や信頼性の向上を両立させ、さらに自動車や家電製品など商品ごとに最適な制御ができるよう指向別のマイコンも開発され、日進月歩で進化を続け適用範囲も急速に拡大していきました。ホンダは他社に後れをとった電子制御技術の研究を加速し、独自のエンジン電子制御技術を確立するとエンジン制御以外の分野へも応用するために研究領域を広げ開発を強化していきましたが、将来の自動車のカギを握ると思われる電子技術の取り組みに後れをとったホンダは、他社に追い付き追い越すだけのエレクトロニクスの進化ではなく、独自の技術で先回りすることが重要であると判断しました。

もちろんメカニカル技術を電子技術へ置き換えることによる機能の最適化は全力で

取り組んでいましたが、既存技術から電子技術への単なる置き換えではなくマイコンを使って今までにない価値を生み出し自動車業界に新たな風を吹き込むことができる目標を定めることにしました。さまざまな視点から方向性を検討しましたが、やはり自動車メーカーの使命として〝事故が無く環境に優しい自動車〟を実現することが究極の課題と捉え自動運転技術を搭載し事故を起こすことが無い自動車を開発目標として〝知能化〟を目指すことになりました。

その実現には、車の安定性やブレーキ性能の向上、人や物及び車を取り巻く周囲の状況や環境を検出して衝突を防止すること、車の状態を自己診断し機能の低下を防止すること、排気ガスのクリーン化や燃費の向上などを可能にする数多くのシステムとそれを支える個別技術が必要になります。

ホンダはこれらの技術を構築するために必要な要素技術を含めた研究項目とその実行計画を練り上げていきました。開発する機能を検討する中で、知能化には車がどこにいるのかを正確に把握することが最低限必要であるとの判断から、知能化への第一歩としてナビゲーションシステムの開発に着手することとなりました。

現在のようにGPSが使えないため自車位置の特定に必要なGYROセンサーの研究にも取り組み、1981年に世界初となる自動車用ナビゲーションシステムの開発に成功し商品化しました。その後も、自動運転につながる安全技術として1982年にはアコードでALB（アンチロックブレーキ）、車高調整システム、オートクルーズコントロール、シティターボでPGM-F1（電子燃料噴射装置）と電子技術を駆使した革新的なシステムを矢継ぎ早に開発し安全で環境に優しい車を世に出していきました。

ホンダが35年ほど前に開発した安全技術は機能が向上しながら現在にも受け継がれていますので、どのようなシステムであったかを紹介したいと思います。

ALBは自動車に使われる以前から飛行機に装備されていたシステムで、滑走路の表面が水や氷で覆われ滑りやすい時に着陸してブレーキをかけても安全に停止できるようタイヤのロックを防止する機能を持っています。車の場合、前輪がロックすると停止能力は大きくなり短い距離で停止できる反面ステアリング機能が失われハンドルを回しても進行方向が定められなくなります。

また、後輪がロックするとタイヤが横に滑り車が左右に大きく振られるようになりスピンを引き起こします。ＡＬＢは、タイヤがロックしないようにブレーキ性能を最大限に引き出すことにより緊急ブレーキを使用した場合や凍結路、雪道、雨で滑りやすい路面でのブレーキの使用でも自動車を安定させて停止することができる安全技術でホンダはこのシステムを大衆車に初めて搭載しました。

車高調整システムは、人の乗車や重い荷物を載せた時に車体が沈み込まないよう車高を一定に保つ技術で、四輪に不均等な荷重がかかっても車高を水平にすることができるため走行安定性の確保やヘッドライトの照射位置のズレを防止し、さらに雪道などで車高を上げることにより走行性能と操作性を向上できる安全技術です。

オートクルーズコントロールは高速道路でアクセルを踏まなくても設定速度を維持でき高速道路などでドライバーの負担を減らし、より安全への配慮ができることを目的に開発されました。最近では、前を走行する車との車間距離や走行車線を検知してアクセルとブレーキ、ハンドルの制御と連動して周囲の状況に合わせた速度制御ができる高機能なシステムに進化しています。

１９８０年4月に入社後6カ月で早々と工場実習を終えた私は、研究所の電装システム開発部隊に配属され、上司や先輩の指導のもとＡＬＢ、車高調整システム、オートクルーズコントロール、ＰＧＭ・Ｆ1の開発の末端を担っていましたが、当時は新入社員として新技術のテストに明け暮れておりこのような電装戦略を知るすべもありませんでした。

このように電子制御で出遅れたホンダはエンジン制御のみならず車体制御にもエレクトロニクス技術を投入し安全な車の橋掛けとなる技術を確立することに成功し先進性を示すことができましたが、車の知能化を旗印にその扉を押し開けホンダの電子技術を進化させてきた責任者の田上勝利は、エレクトロニクス技術の更なる進化に向け動き始めました。

これまでは四輪の電装開発部門でエレクトロニクス技術の開発を行ってきましたが、より広義に電子化をとらえ進化させるために四輪の商品化にすぐ必要な技術の開発を行う部門と四輪の商品化に制約されない基礎的な研究を行う部門に分けて電子技術の進化を目指すことが必要であるとの想いから基礎研究所の概念を作り上げ、およそ1年に及ぶ構想・検討の末１９８６年に基礎技術研究所を設立し田上が初代基礎技術研究所所長

（常務取締役）に就任しました。田上は私が転職で悩んでいた時にアドバイスをしてくれた当時の所属長で、私事ですが仲人も引き受けて頂きました。

田上は、ホンダのエンジニアはＦ１のように具体的な研究目標を定めると想像を絶するような途方もない集中力でその達成に向けて取り組むことを知っていましたので、研究テーマの構想段階で具体的な目的と目標を決める必要があると考えました。そのため基礎技術研究所では技術要素のみの基礎研究ではなく具体的に製品のターゲットを定めた基礎研究を行うことにしました。

田上は、モビリティ分野の研究ターゲットを安全で環境に優しい車を作り上げるために必要な〝自動運転システム〟と〝超軽量化車体〟の実現に定めましたが、エレクトロニクス領域の飛躍的な進歩を達成するためには、新たな製品を定める必要があると感じていました。その頃のホンダには次元を上げるという概念があり開発の目標を決める時の指針にもなっていましたので、その概念に基づいた研究目標となる具体的な製品を決めることにしました。

それまでホンダが取り組んでいたモビリティは地上を移動する二次元の乗り物でし

たが、次元を上げるためには三次元、四次元の目標を達成できる製品を提案する必要があります。

創始者の本田宗一郎は〝いつかは空へ〟との思いを持っていましたので、モビリティを提供する企業として成長してきたホンダは飛行機もモビリティの一つとして捉えていました。そのため、本田航空（株）の設立やガスタービンの研究など飛行機につながることは既にやっていましたが、基礎技術研究所ができる前のホンダの技術では飛行機の開発に踏み切るのは無理な状況でした。このような想いと経緯を受け田上は飛行機を三次元の目標に掲げ実現することに決めました。

さらに次の四次元にあたる目標には、三次元に時間の概念を取り入れなければならず、モビリティで考えると時空を超えて移動するタイムマシンになってしまいます。SFに出てくるような難題を検討しなければなりませんが、モビリティの会社と言えどもさすがにタイムマシンを開発することは不可能なため、人に対して時空を超えるというコンセプトで再度検討を始めました。

あまたの時間を費やし、〝もう一人の自分が他の場所で違うことをやっている〟という場面が可能にできれば四次元の目標となり得るとの考えに行きつきましたが、人が瞬時に移動して異なる作業を行うためのモビリティの実現はできないため、モビリティではなく〝人の分身〟という概念でそれを実現することにしました。

人の分身からはクローンを連想しますが、実現手段をロボットとし分身ロボットを目標とすることに決めました。人の分身として作業を行いますので、分身ロボットは人間の生活環境下で人と同じように振る舞える必要があり、二足で歩くことができなければなりません。そのため二本足で歩くことができ、人と同じ作業ができるロボットを開発ターゲットとしました。二本足で歩けるロボットの必然性がここにあったのです。

ここでようやく田上は基礎技術研究所の研究ターゲットを、

❶知能化による自動運転

❷超軽量化車体（軽量化については軽自動車の重量でアコードを作る）

❸飛行機

❹人型二足歩行ロボット

に決め実現への一歩を踏み出しました。

9〈ロボット開発〉

１９８６年４月、ホンダの未来の基盤を築くべく責務を負った基礎技術研究所が動き始めました。田上は４つの研究テーマの細かい指示をすることなく〝自動運転、軽量化車体、飛行機、ロボット〟の開発を行うことだけを伝えました。当時のホンダは、チームで研究したい内容が決まるとそれぞれの責任で先行研究を進め有効性や必要性が確認できたら上層部へプロジェクト発足の提案をし承認されると正式な研究テーマとしてプロジェクトが開始できるシステムを採用していました。勿論、先行研究で終わってしまう研究もありましたし、会社からの開発指示を受けて始まる研究もあります。

このボトムアップ提案により始まる研究が、研究者の情熱を燃え上がらせることを知っていた田上は〝難しい研究ほど提案型にしないと成立しない〟との想いから具体的な研究目標とそのためのプロセスや手法の決定を各チームに委ねました。

ロボットの研究に関していえば、〝ロボットの研究目標は分身ロボットを作ることであり、それは人の意志・想いを理解して行動し、二足で歩行できるロボットである〟との想いを田上は持っていましたが、この説明をすることなくロボットの提案をするよう指示をしました。

ロボット以外の研究テーマは3～4カ月間の構想・検討を経て開発をスタートすることができましたが、世の中にほとんど前例のないロボット開発の構想・検討には時間がかかり幾度となく検討会が持たれ、約10カ月間の検討期間を経て二足歩行による移動を前提としたロボットの研究が始まりました。まさに田上とチームが一体となった瞬間でした。

しかし、ここからが苦悩の連続でした。〝二足で歩行するとはどういうことなのか？〟二本の足で歩くロボットはこれまで前例が無く工学的に参考にできる文献や資料もないため人の歩き方を観察することから始めました。しかし人は両脚を動かすだけでなく重心のコントロールを伴って歩行しているためその理論は難しそうだとの判断から重心移動を伴わず二足で歩いている鳥の歩行を参考にし二足歩行実現の可能性を探ることになりました。

鳩やカラス、ダチョウなどの鳥類の歩き方を知るために動物園で鳥の歩行を観察し撮影しては研究所でその歩行解析をするという繰り返しから二足歩行の研究が始まりました。鳥の歩行解析が進むにつれ鳥は頭を前後させることにより重心移動を伴って二本足で歩行していることがわかり人型ロボットへの応用は難しいと判断し、再び原点にかえり人の歩行理論から研究することになりました。

人がどのように歩いているかを理解するには、常に人の歩行に携わり歩行の改善を目的とした研究と実践をしている専門家から体の使い方を教えて頂くことが重要であるとの想いから埼玉県所沢市にあるリハビリテーションセンターを訪れ歩行の訓練方法を教えて頂きました。

リハビリテーションを必要とする人はその症状により歩き方が全て違っていますので一人ひとりの歩き方の特徴と下肢の可動能力を把握したうえで行われる最適な歩行訓練を学ぶことができましたが、まだまだモーターを使ってロボットの脚を動かすための動作原理に結び付けることはできませんでした。

その一方で、リハビリテーションを行う中で、床反力計を使って歩行中に両足にかかる荷重を測定し、歩行を改善するための訓練方法の指針や結果の判断に使っているという大きな収穫が得られました。歩行の原理はわかりませんでしたが、歩行訓練をしている人の歩き方と床反力計の解析データとの相関性を明確にすることにより床反力計を使った歩行解析の方法を学ぶことができました。

理論を構築してからロボットを開発するのではなくロボットで二足歩行を試しながら歩行理論の構築を行うこととし、さっそく研究所では、股関節・膝関節・足関節を持つ人と同じ構造の下肢ロボットを開発し、人の歩きに近い床反力計の解析結果が得られる歩行を再現するための研究が始まりました。

人のように歩くには、関節を動かすだけではなく重心移動を伴う遊脚時の適切なアンバランス状態と両足立脚時のバランス状態を自由にコントロールすることも必要なため、実験と理論による検証を繰り返しながら10年の研究を経て二足歩行ができる人型ロボットの基本形を完成することに成功しました。基礎技術研究所という特性上、世界初となる二足歩行ロボットの誕生は世に知れることなくさらなる進化を求めて開発が続けられました。

ホンダが二足歩行の基礎技術を確立した１９９０年台半ば、生産技術で世界を席巻し

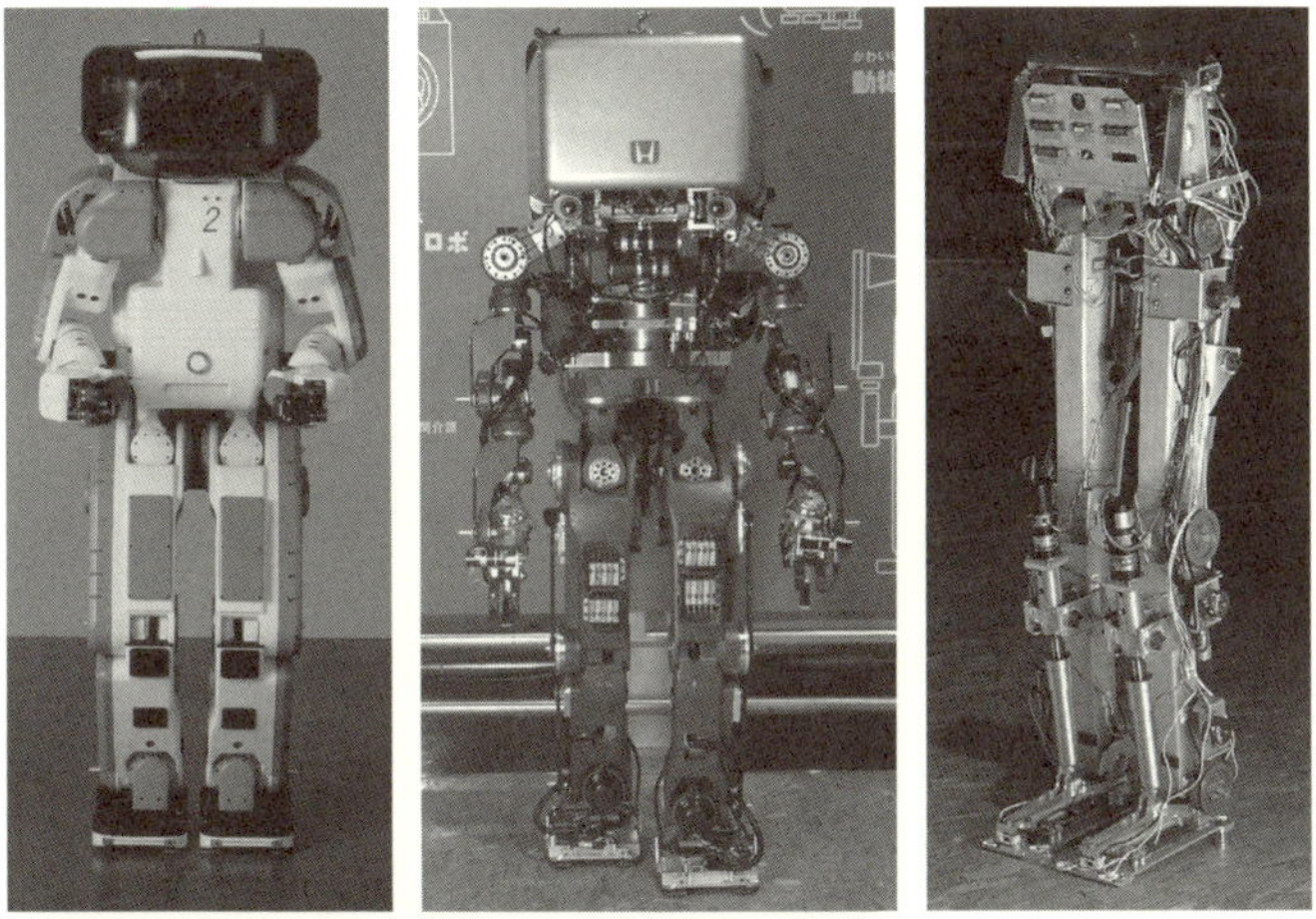

上段右から順にＥ１、Ｐ１、Ｐ２、下段右がＰ３、左がＡＳＩＭＯ。なお、Ｅシリーズは1987～1993年にかけてＥ６まで進化。完全自立人間型の二足歩行を実現させたのはＰ３だった

PHOTO／HONDA

ていた日本は産業用ロボットの分野では技術と稼働数で既に世界一になっていましたが、非産業用ロボットの分野においても世界一になるための大きなプロジェクトが動き始めていました。その第一ステップとして二足歩行ができるロボット技術の確立を目標と定め、1997年からの研究プロジェクト開始に向け通商産業省（現 経済産業省）が1996年から募集を始めました。

この時既にホンダは二足歩行ロボットの基礎研究を終え研究所内をロボットが歩いていましたので、この募集を知った田上は当時の川本信彦社長と相談のうえ、ホンダが構築した技術をベースに国家戦略とも言える二足歩行ロボットの研究を始めた方が目標の実現に近道であると判断し、社外に公表されていない二足歩行ロボットの存在と技術レベルを通商産業省機械情報産業局に説明し対応について相談を行いました。協議の結果、ホンダが開発したロボットの特許出願などを全て終えた後1996年の年末を目標に二足歩行ロボットを発表することに決まりました。

当時、技術的な課題は既に解決し特許の出願準備を行っていましたが、発表に際して大きな懸念を持っていました。それは、人を支援することを目的にロボットの研究をしていましたが、人型二足歩行ロボットの発表が、ホンダが今後〝人〟を創ると理解されかねないという道義上の懸案です。

ホンダは人の分身の概念に基づき人と同じ作業ができるロボットの開発を目標としていましたので、二足歩行機能の獲得の次の課題としてロボットの知能化の研究を進めていました。ただし、知能化技術を構築する前に社外に発表することは考えていなかったため、開発してきたロボットが人間のように判断し行動することに対する倫理的な問題について十分な議論はされていませんでした。

〝技術は人のためにある〟というホンダの理念は、その技術が人の不利益になってはならないとの理念でもありますので、人がどのように創造され進化してきたか、というさまざまな考え方、視点から検討し判断することにより、二足歩行ロボット技術の発表をすることが人の不利益にならず道義上の問題も無いことを明確にする必要がありました。

田上は、発表の可否を決めるには専門家の意見と判断が不可欠であると確信し国内の研究者に相談しアドバイスを求めていたところ、カトリック教会と東方典礼カトリック教会の総本山である、バチカンにて直接意見をお聞きできる機会を与えて頂けることになりました。

田上は早速準備を整え、1996年12月8日、バチカンを訪問し科学アカデミー会長に拝謁することができました。二足歩行ロボットのコンセプトと目的を説明し、その開発における想いを伝えたうえで倫理上、道義上の懸案について意見を求めました。じっくり田上の説明を聞いた科学アカデミー会長は、ミケランジェロが描いたシスティーナ礼拝堂天井画の一つである、神がアダムに生命を吹き込む絵を指さし「神は人が持っていないといけない決断力、行動力、想像力などを与えた。神から頂いたその力で作った物は人類の役に立つ物である。ただし使い方に気を付けなければいけない」と言われました。

この拝謁は本田宗一郎から始まる人とのつながりのなかで実現したものですが、〝技術は人のためにある〟という理念の重要性と技術の構築には多くの人の協力が不可欠であることを改めて実感しました。

科学アカデミー会長の言葉を胸に深く刻み込んだ田上は早速帰国し、川本信彦社長への報告をすませ二足歩行ロボットの発表が決まりました。１９９６年12月ついに世界で初めての二足歩行ロボット〝Ｐ２〟が発表され、〝技術は人のためにある〟というホンダの精神がまた一つ世の中に示されたエポックメイキングとなりました。その後、二足歩行ロボットはＡＳＩＭＯとして進化を遂げ、人を認識して会話ができ物も運べるようになりましたが、さらなる機能の獲得とその向上を目指し現在も成長し続けています。

10〈自分の足で歩き続ける〉

二足歩行ロボットは、前方に歩くだけではなく、小さな弧を描く旋回や横方向への移動、その場で足踏みをしながら体を中心にして回転する動作、斜め前方向への移動、後方へバックする歩行などの他、前に向かって走りさらに弧を描いて走ることや階段を上り下りする動作を一つひとつ習得していき世界を牽引する二足歩行ロボットに必要な歩行理論と技術を確立し人の生活環境の中で人と同じように自由に移動できるようになりました。

ホンダは、人が筋や関節の動きと体重移動を相互に作用させバランスを取りながら歩いている、という歩行理論を確立し、その理論により歩く機能を与えられたロボットは知能化に向けた新たな研究ステージに入りましたが、また同時に歩行理論を利用して人の歩行を支援できる機器の実現可能性についても検討が始まりました。

二足歩行ロボットには人の関節や筋に相当するデバイスや機構が組み込まれていて、その技術も確立していましたので技術的にはあらゆる歩行レベルの人の歩行支援に対応することが可能でした。

そのためどのような機器にするかを決めるために、まず歩行支援の対象となる人を明確にしたうえで必要な機能を設定することにしました。

検討を始めた１９９０年代の後半頃から、高齢化社会に関した話題を頻繁に耳にするようになり10年後の２０１０年頃には日本が世界で一番の高齢化社会を迎えるという議論がされるようになっていました。それは、１９９０年代初頭まで65歳以上の人口比率が世界1位であった欧州地域を日本が追い越し、さらにその差を広げてトップを維持し２０１０年にはその比率が20％を超えるという予想でした。

これは、日本が世界で一番の高齢化社会を迎えるそのパイオニアになることを示しているため、ホンダは日本の高齢化社会で役に立つ製品は世界中の高齢化社会でも役に立つとの考えから、高齢者を対象とした製品を２０１０年に実用化することに決め開発準備が進められました。

ちなみに、２０１５年10月1日現在の65歳以上の人が日本の総人口に占める比率は26・6％となっています（内閣府平成29年版高齢社会白書より）。

65歳以上の人口比率(2015年)

国名	比率
日本	26.6%
イタリア	22.4%
ドイツ	21.2%
スウェーデン	19.9%
フランス	19.1%
スペイン	18.8%
イギリス	17.8%
アメリカ	14.8%
韓国	13.1%
シンガポール	11.7%
タイ	10.5%
中国	9.6%
インド	5.6%
インドネシア	5.2%
フィリピン	4.6%

出典:内閣府平成29年版高齢社会白書

世界的に見てみますと２０１５年時点の世界各国で65歳以上の人がその人口に占める比率は、日本の26・6％に対して欧米ではイタリア22・4％、ドイツ21・2％、スウェーデン19・9％、フランス19・1％、スペイン18・8％、イギリス17・8％、アメリカ14・8％、アジアでは韓国13・1％、シンガポール11・7％、タイ10・5％、中国9・6％、インド5・6％、インドネシア5・2％、フィリピン4・6％となっています。この傾向は、１９９０年後半から現在（２０１７年）、さらには将来（２０６０

年）に至るまで変わることなく日本が高齢化率で世界のトップを維持する予測となっており（内閣府平成29年版高齢社会白書より）、まさに高齢化先進国となっています。

高齢化社会に役に立つ歩行支援機器の機能を検討するため、高齢者の総合的な研究をされている先生方にアドバイスを頂いたところ、高齢者が疾患などにかかり歩けない期間があると急激に歩く能力が低下し再び歩くことが難しくなる人が多いことがわかりました。

脳卒中やパーキンソン病、転倒骨折、関節疾患、衰弱などを患い、歩く機会が減ったり歩く距離が短くなった場合や治療のために歩くことができない安静状態が続いたりすると歩行能力が低下します。特に、高齢者が疾患などによりベッドで2週間安静にしていると下肢の筋力が約20％低下すると言われていますし、一日安静にして失われた筋肉を回復するには約1週間、1週間の安静なら約1カ月のリハビリが必要だとも言われています。

歩行に必要な筋肉が減ると歩行機能の低下を招き、歩行機能の低下により歩く機会や距離が減ることにより身体機能の低下も引き起こしその結果生活の活動が低下するという生活不活発病を患いやすくなります。

　下肢の筋肉量が減少し生活不活発病を患うと、歩く時に姿勢を維持することが困難になり前かがみになることで背中や膝が曲がり、腰痛も引き起こす可能性があります。また、歩く時に脚を前に振り出しにくくなるためすり足となり転倒リスクが増すので歩くことから遠ざかり悪循環を引き起こしてしまいます。さらに、上半身の血流の増加によって血圧が上昇し高血圧、脳卒中、心筋梗塞のリスクが増えるとともに筋肉による血中糖分の消費や燃焼が減少することにより糖尿病を引き起こすとも言われています。

　介護保険の被保険者は、介護度により要支援１、要支援２、要介護１、要介護２、要介護３、要介護４、要介護５に分かれていますが、前述のように移動が困難になったり生活不活発病を患うことにより、新たに介護を必要とする人が増えたり介護度が進んでしまう人がいます。

　そのため歩行能力が低下した人が再び歩けるようになれば身体機能が回復し生活不活発病も回復し再び自立生活が可能になるのではないかとの想いから、高齢者を対象に低下した歩行能力を回復させるための訓練と歩行能力の低下を防ぐ介護予防のための訓練に使える機器とすることになりました。また、できるだけ軽くて小さくするために、補装具や上半身の力を使ってでも立つことができて少しでも脚を動かすことができる人を対象にした機能にすることにしました。

人は、交互に左右の脚を前へ振り出す（屈曲）動作と後ろへ蹴り出す（伸展）動作を繰り返して歩きますが、筋肉量の低下や関節の可動域の低下により屈曲量と伸展量が減少する場合があります。そのため、屈曲動作と伸展動作を支援できれば、歩幅の低下や歩行速度の低下を防止し更に改善することが可能になり、また屈曲時につま先が接地面に接触することを防止できれば転倒リスクを減らし歩行の機会を増やすことができると考え、股関節の屈曲伸展動作をアシストして楽に歩くことができる機能を実現することとなりました。

私は足を怪我して歩けなかった経験がありますが、歩けないと日常生活に支障をきたし生活するだけで精一杯で余暇を楽しむことなどできませんし、怪我から回復したあとも筋肉量が低下し関節も動かないため再び歩けるようになるには数カ月間必要でした。また、この間に体重も増え体調が変化しているのがわかりましたので、普段何気なく歩

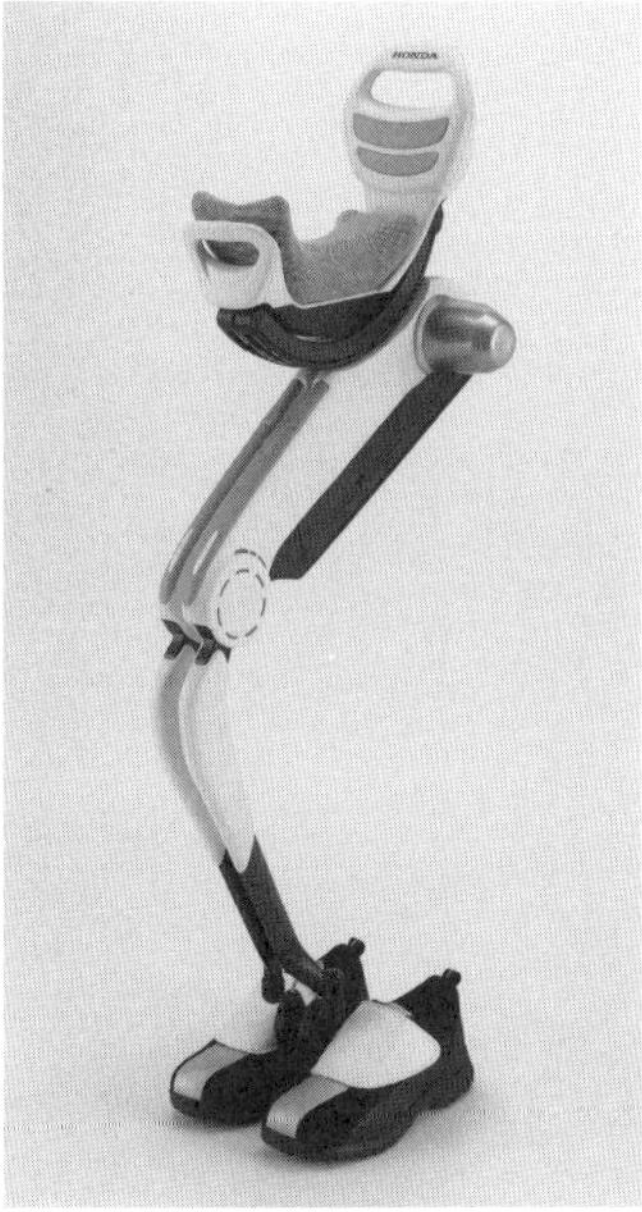

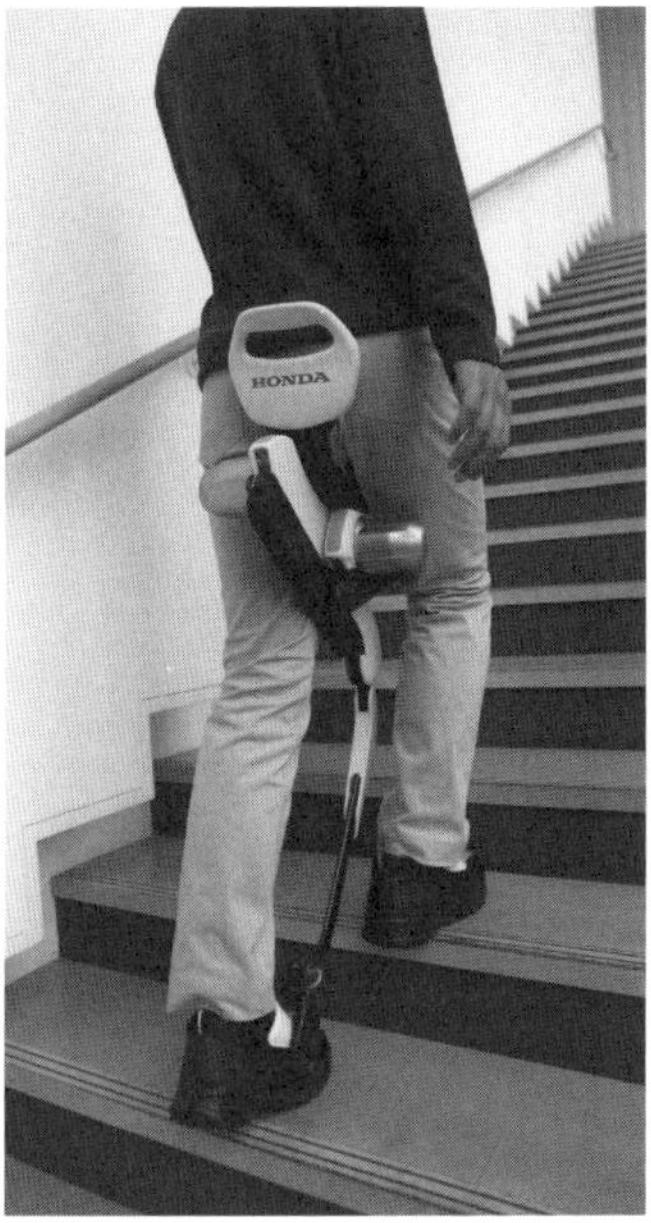

新たな分野である歩行アシストを研究・開発するにあたりホンダはいろいろな可能性を追求し試行錯誤を繰り返した。写真のモデルは市販化されず

PHOTO／HONDA

いていることが本当に素晴らしいことだと実感しました。歩くこと自体は楽しいことではないかもしれませんが、とても重要なことで歩けないことは辛く日常生活にも相当な制約が出てしまいます。

日常生活をどのように過ごすことができるかは、ＡＤＬ、ＩＡＤＬ、ＱＯＬという言葉で表現されていますので紹介したいと思います。

ＡＤＬ（日常生活動作）とはActivity of daily lifeの略で、食事を摂ったり、入浴やトイレに行ったり、服を着替えたり、歯を磨いたりといった日常生活を送るうえで必要な基本的な動きを意味しています。

ＩＡＤＬ（手段的日常生活動作）は、Instrumental activities of daily livingの略で、前述のＡＤＬに加え、買い物に行ったり家事を行ったり、乗り物を利用して出かけたりする行動を指しており、ＩＡＤＬが向上すると行動範囲が増え行楽地に行ったり、お花見を楽しんだりすることが容易になってきます。

ＱＯＬ（生活の質）はQuality of lifeの略で、日々の生活にどれだけ満足できるかを表しています。歩くことは、ＡＤＬとＩＡＤＬを向上させる可能性があり、ＱＯＬの向上にもつながる可能性があります。また外を歩くことは、五感を常に使うため認知症の予防になるとも言われています。

高齢者や歩行機能が低下した人が日常生活の中で毎日使って頂けるように、

1. 軽いこと
2. 小さいこと
3. 取り外しが容易なこと
4. 使い方がわかりやすいこと

これらを機器に求められる最低要件とし歩行支援機器の開発が始まりました。

第3章　歩行アシストの生い立ち

11〈開発コンセプト〉

同じ二足歩行でも人とロボットでは構造が違うため、歩行原理は同じでもそれの達成手段には大きな違いがありますので、まずはその違いを整理してみたいと思います。

人は筋肉が収縮することにより靭帯で接合された骨が動き、同時に関節が骨の動きをサポートして運動を起こすため、歩行運動は主に下肢の筋肉、靭帯、骨、関節を使って行われます。

しかし、下肢の筋肉は脚のあらゆる動きに対応できる能力を持っていますので、歩く時には歩行運動に必要な複数の筋肉を最適なタイミングと力で適切な量を動かすことが必要になります。そのため歩き方に適した運動指示を各筋肉に与えなければなりません。

歩行には大殿筋、中殿筋、大腿四頭筋、ハムストリング、腓腹筋、ヒラメ筋、前脛骨筋をはじめ40を超える筋肉が連動して運動しています（図1）。歩行の指示は脳から与えられて筋肉が運動を始め、歩行の状況を触覚や下肢の動作速度、三半規管によるバランスなどを認識することにより目的とする運動を実現します。また、脊髄にあるCPG

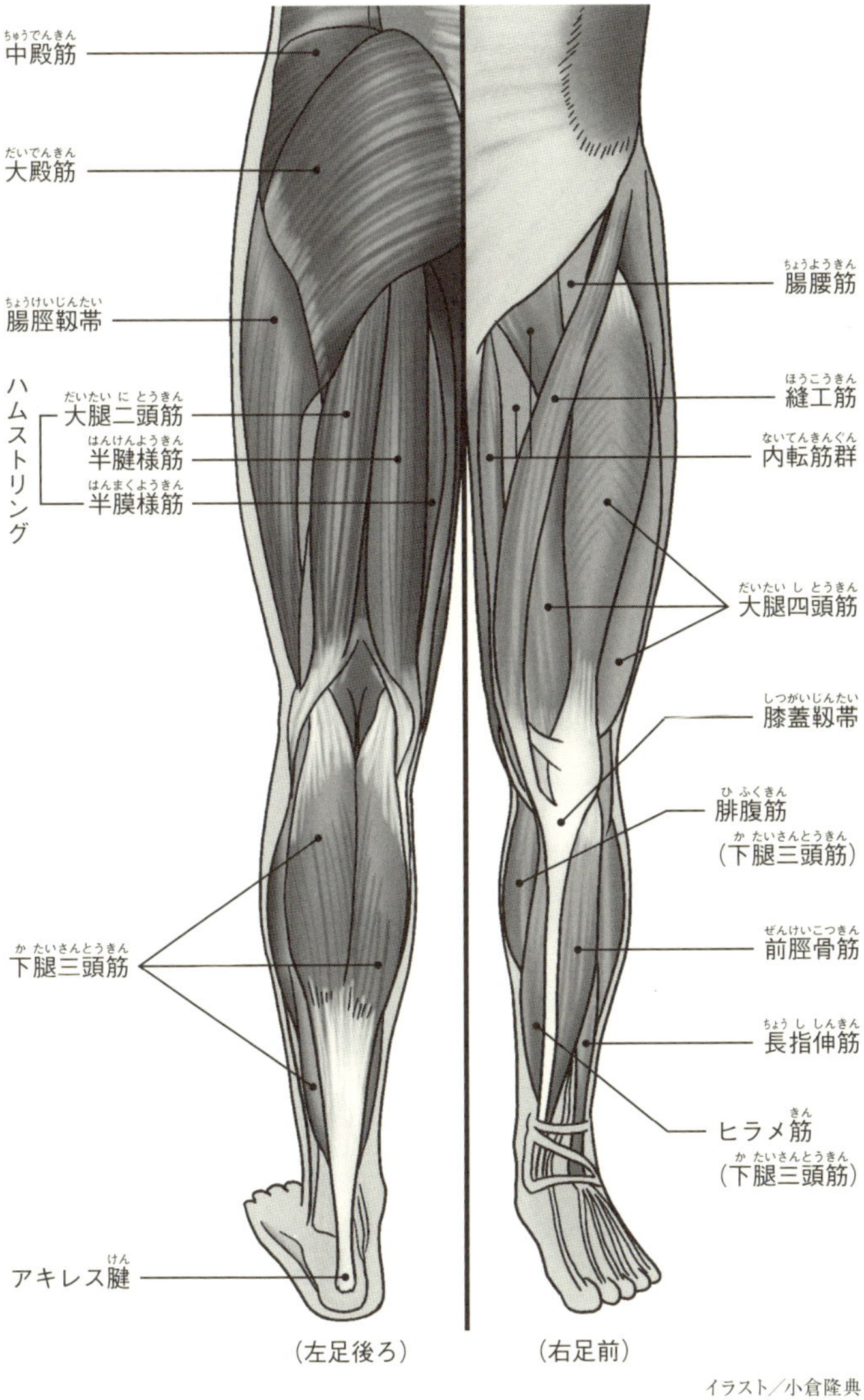
中殿筋《ちゅうでんきん》
大殿筋《だいでんきん》
腸脛靱帯《ちょうけいじんたい》
ハムストリング
大腿二頭筋《だいたいにとうきん》
半腱様筋《はんけんようきん》
半膜様筋《はんまくようきん》
下腿三頭筋《かたいさんとうきん》
アキレス腱《けん》
腸腰筋《ちょうようきん》
縫工筋《ほうこうきん》
内転筋群《ないてんきんぐん》
大腿四頭筋《だいたいしとうきん》
膝蓋靱帯《しつがいじんたい》
腓腹筋《ひふくきん》
（下腿三頭筋《かたいさんとうきん》）
前脛骨筋《ぜんけいこつきん》
長指伸筋《ちょうししんきん》
ヒラメ筋《きん》
（下腿三頭筋《かたいさんとうきん》）
（左足後ろ）
（右足前）

イラスト／小倉隆典

（Central Pattern Generator）の働きにより歩行運動の基本となるパターン化された周期的な運動を無意識に自動的に継続することができます。

一方ロボットは、脚の筋肉と靭帯と関節の代わりにモーターを使い、骨に相当する役割は外骨格（構造体）が果たすことにより歩行動作を実現します。また歩行指示については、モーターを駆動させて歩行を実現するために構築された理論によってシーケンシャルに行われています。

このように同じ二足歩行を行っていても人とロボットの歩行には、脚を動かす動力とその制御アルゴリズムに相違点がありますので、人の歩行をアシストする機能をロボットで実現するためには人の歩行パターンに追従できるアルゴリズムの構築が必要になります。

ここでの動力の違いとは、人は歩行するのに40を超える筋肉を使い、ロボットには複数のモーターが使われていることを示しています。そのため人の歩行をアシストするためには歩行に使われているどの筋肉の動きをどのようにアシストするかの理論を構築する必要があります。

また、歩行指示の違いとは、人は歩行準備段階で４０を超える筋肉に事前に指示が出されフィードフォワード制御に近い動きになりますが、ロボットはシーケンシャルなフィードバック制御で成り立っていることを意味しています。そのため、人の歩行をアシストするには歩行の動きを事前に察知する手法とその動きに遅れることなくアシストを開始することが求められます。

目的としている歩行をアシストする機器の〝アシスト〟についての理解を深めるため、人をアシストしていて身近にある機器として自動車と電動自転車についてその特性や手法について整理してみることにしました。

私たちは自動車を利用して行きたいところへ楽に早く移動することができますし荷物も楽に運ぶことができます。自動車を運転する時は、アクセルペダルを踏むことにより車を動かしたい意志を、踏む量によって移動したいスピードを、ハンドルを操作することにより行きたい方向を、ブレーキペダルを踏んで減速の意志とブレーキの強さを自動車に伝えることにより意のままに操作することができます。

人は、自動車を前に進めたいと思うとアクセルペダルを踏む足の筋肉に脳から指示が伝えられ、アクセルペダルを押し下げることにより進みます。また、目や耳を使って速度や周りの状況を把握しながらアクセルペダルを踏む量を変え自在にスピードをコントロールします。このアシストシステムでは、人が求めている結果はスピードになりますので目標とするスピードと実際のスピードが同じになるようにアクセルペダルを踏む足を人が制御するフィードバック制御になります。

先ほども出てきましたがフィードバック制御について簡単に説明しますと、目標とする出力値と実際の出力値を比較して出力値と目標値が一致するように制御する仕組みのことで、身近な例ではエアコンを使って室温を25℃に設定すると、エアコンに内蔵されている温度センサーで室温を測定し、室温が25℃になるように冷風や温風を調整して室温が設定値と同じ温度になるようにすることです。

話を戻しますと、自動車ではアクセルペダルが踏まれる量に応じて正確に速度を制御することが求められますが、足をどのように動かしてアクセルペダルを踏むかを考慮する必要はありません。実際に足を動かすためには非常に複雑な人体メカニズムが存在していますが、アクセルペダルが踏まれたという結果さえ認識できれば成立するシステムとなっています。これは、アクセルペダルを踏む足の動きが正しいという前提のうえに成り立っているシステムです。

最近は、安全技術の向上により、アクセルペダルを踏む足の動作が安全上適切であるかどうかの判断をして人の意図通りに自動車を発進させたり加速させたりしないシステムがありますが、ここではアクセルペダルの動きと速度が一致しているとの前提で話をしています。

次に電動アシスト付き自転車について考えてみると従来の自転車よりも移動を楽にしてくれます。人がペダルを漕いで走りたいという意志を自転車に伝えると人の力に加えモーターの力もタイヤに伝わりますので、従来の自転車に比べ楽に移動することができます。電動アシスト付き自転車も車と同じようにペダルを漕ぐ力を変えることによりスピードを調整するフィードバック制御になっています。これも自動車と同じでペダルを漕ぐ脚の動きが正しいという前提のうえに成り立っています。

これらの乗り物は、脚や足の動きが人の意志であるとの前提に立ち、その動き方から能力を補足する機能を提供しています。さらに話を進めて、アクセルペダルを踏む足についで考えてみます。

踏み込む力が弱く自分の力でアクセルペダルを踏むことができない人がアクセルペダルを踏むには、ドライバーの意志を理解してペダルが踏めるよう足を動かし、ペダルから足を離す時も同じようにドライバーの意志を理解して足を動かさなくてはなりません。このように踏み込む力が弱い人が車を安全に運転するにはドライバーの意志を把握し適切にペダル操作を行えるように足の動きをアシストする必要がありますが、この動きは人の歩行をアシストすることと全く同じです。

このことから歩行を自動車の運転に例えて表すと、アクセルペダル通りに自動車を走らせることがロボットの歩行制御になり、人の意志を理解してアクセルペダルを操作しそのアクセルペダル通りに自動車を走らせることが歩行アシストの制御になります。

以上のことからアシストする筋を明確にすることと歩行の意志を検知することを要件に加えて開発を進めることになりました。

12〈機能構築と軽量化〉

人は意識することなく両脚を交互に前後へ動かして歩いていますが、指節関節、足関節、膝関節、股関節など下肢にある関節だけではなく、肩や肘など上肢にある関節と腰や背骨、下肢と上肢の筋肉などが複雑に連動しています。さらに、人の歩行は、関節の可動域や筋肉の強さや柔軟度、骨格の長さや位置、神経伝達系、運動経験や動作の癖などの違いにより一人ひとり特徴があるため、モーターだけを使い歩行するロボットの歩行理論だけでは成立しません。

人の歩行を適切にアシストするためには、基本的な歩行理論に一人ひとりの歩行形態に合わせられる機能を加味することが必要になり、そのために装着した人の歩行の特徴を認識する必要があります。

前述の要件の一つである歩行の意志を検知することの必要性をもう少し詳しく説明します。

人が歩行する時、脚の動きはさまざまな関節や骨格、筋肉が連動して始まりますので、脚の動きだけを検知してからアシストを開始すると脚とそれ以外の体の動きとタイミング的にアンマッチを引き起こし適正なアシストができない可能性がありますので、脚が動き始める前に歩く人の意志を察知できればアシストがより有効に作用します。

また、歩行中の脚の位置と体の動きから歩行を分割すると、踵が接地する初期接地に始まり荷重応答期・立脚中期・立脚終期・前遊脚期・遊脚初期・遊脚中期・遊脚終期の歩行ステージに分かれこの順番で歩行が進んでいきます。

歩行ステージ毎に主として作用する筋肉が違いますので、前述のもう一つの要件であるアシストする筋を明確にするということは、各歩行ステージごとの筋活動を把握し対象となる筋を特定することになりますが、さらに対象となる筋への最適なアシスト方法も確立しなければなりません。そのためにはアシストするタイミングやアシスト力の最適値を求めることも必要になります。

歩行アシストは屈曲動作（前方への振り出し）と伸展動作（後方への蹴り出し）をアシストすることを目的としていますので、歩く人の意志を察知するために大腿部と下腿部を動かすきっかけを探ることから始まりました。人は歩く時に通常腕を振りますので、腕の振りをきっかけにして脚の屈曲、伸展動作を誘導できるように、両腕に腕の振りを検知できるセンサーを装着し、大腿部と下腿部を前後に動かすために左右の股関節と膝関節にモーターを装着した機器の開発に着手しました。

ＡＳＩＭＯをコピーしたかのような最初期モデルの歩行アシスト。総重量は試作段階の２倍となる32kgにもなり、その重さを支える負担を考えると軽量化が急務だった

PHOTO／HONDA

歩行アシスト一号機となったこの機器の完成により、腕の動きを検出して屈曲・伸展動作を実現することが可能になり歩行アシスト制御の研究が本格的に始まりましたが、一号機はモーターを動かすためのコンピュータとバッテリーが別体でハーネスを介して接続していたため動ける範囲や歩行動作に制約がありました。

しかし、アルゴリズム構築のために歩行テストができる機器の開発が加速された翌2000年には、コンピュータとバッテリーを内蔵し外部と接続する必要が無く単独で動作できる歩行アシスト機器が完成しました。

この機器は、部品の小型化よりも機能優先で開発され全ての機能を搭載していましたが総重量が32kgと初試作品の2倍になっていました。機器を小型化するには部品の専用設計が必要で、そのためには機器の機能要件と機器に必要な各部品の仕様が明確に決められている必要がありますが、今回の機器はまずその要件を決めることが目的であったためこの段階での小型化は難しい状況でした。しかし、重量的なデメリットはあったものの、次のステップに進むための貴重なテスト機器として制御アルゴリズムの研究に貢献した基本モデルであり、機器の小型化に必要な要件の洗い出しは勿論のこと現在の歩行アシストにつながる要素研究に大いに役立ちました。

しかし、テストを進めていくと、重量が重いことは、テスト中に装着者への負担をかけるだけではなく、その重量を両足で支えなければならないため開発目標である屈曲と伸展のアシスト効果を体験することやアルゴリズムの正しい評価を行うことを難しくしている、ということがわかりました。

制御アルゴリズムの研究をしながら、機器の小型軽量化をするために新たな開発が進められ、歩行アシスト用に専用設計した扁平型小型モーターと新型コンピュータの開発により2年後の2002年には半分の重量となる16kgの機器の開発に成功しました。この機器を使ってアルゴリズムの研究は加速されましたが、その研究には4つの大きな目的がありました。

第1の研究目的は歩行意志を検知する方法の確立です。腕の振りを検知して歩行動作のきっかけを探っていましたが、より適切なアシスト機能を実現するには、脳から歩行指示が体中の筋に伝わった後に脚より早く動作を始める筋の動きを検出することが必要になります。

第2の研究目的は筋への働きかけとして、各歩行ステージで活動する筋に的確に運動を促すためのアシスト方法の確立です。

第3の研究目的は一人ひとりの異なる歩き方を瞬時に把握する歩行パターンの検出手法の確立です。

最後となる、第4の研究目的は機器の小型軽量化です。必要な部品の小型軽量化と部品点数の削減をしつつ第1から第3の研究目的を実現することです。特に部品を減らすことは軽量化への貢献度がとても大きいため重要なミッションになります。

新しいシステムの研究には新たな技術の開発も必要となるため、プロジェクトメンバーが開発しなければならない領域と範囲は研究の進展に伴い拡大の一途をたどりました。機器設計に関しては最重要課題であった小型軽量化を達成するためにモーターとバッテリー、ＥＣＵの開発を最優先項目として着手しました。

モーターについては発生トルクや回転数などモーターの基本設計に関わる仕様を大幅に見直し、さらにモーターの内部構造も新規に設計してこれまでにない小型軽量化を達成することができました。

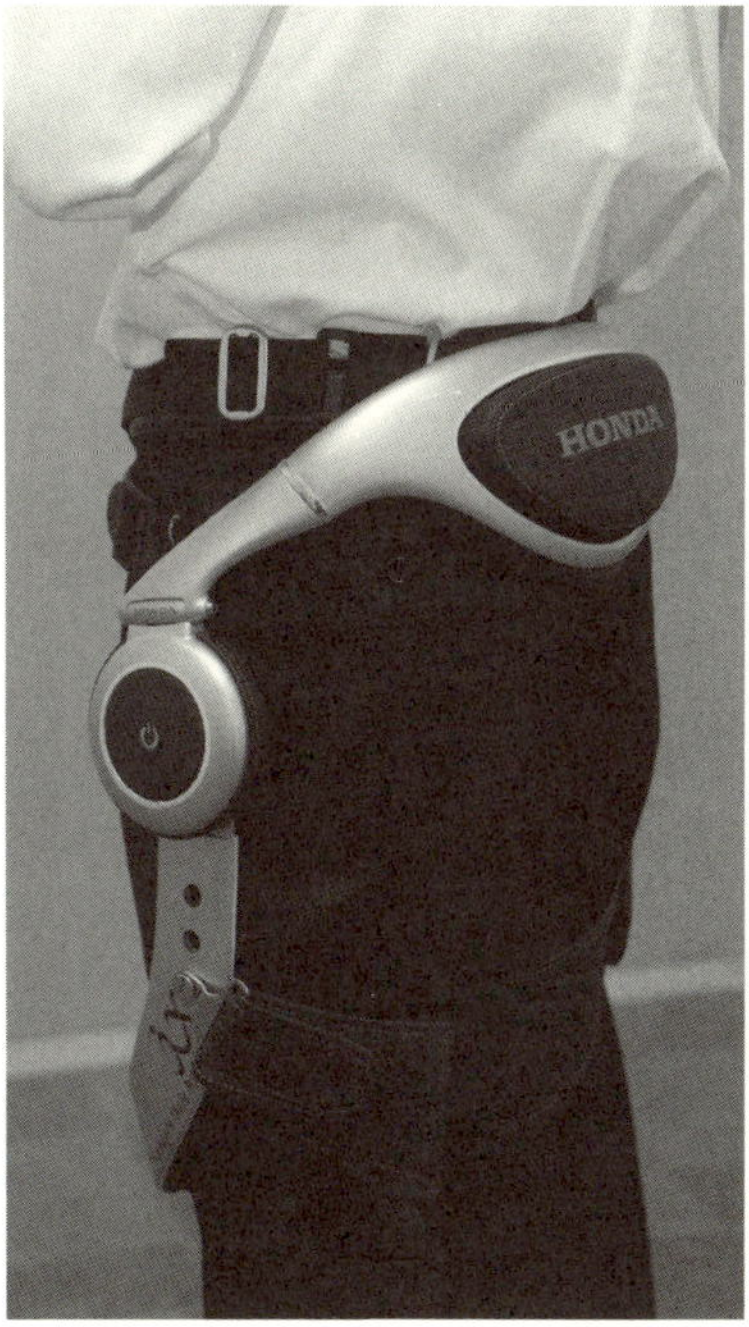

研究・開発の初期段階では機能をフルに盛り込んだうえでの軽量化との戦いだった。装着が楽な軽量ボディを実現させるために、モーター、ECU、バッテリーの開発に着手

PHOTO／HONDA

バッテリーに関しては、重量を低減するためにリチウムイオン電池を採用し、バッテリーを安全に使うためのＢＭＵ（Battery Management Unit）やリチウムイオン電池が周囲からの影響を受けず、また周囲に影響も与えない安全なパッケージングを実現する構造の開発などを行いました。

これにより、自動車用リチウムイオンバッテリーと同じ項目を含む安全性試験を実施し、人に装着するのに十分な信頼性と安全性を確保した小型バッテリーパックの実現に到りました。

歩行アシストの頭脳になるＥＣＵは、モータードライバーまで一体化した専用ＥＣＵの設計により、高密度な実装技術で小型化を実現しさらに医療機器の安全性基準も満たした信頼性の高いＥＣＵを完成させました。

これらの部品の小型化により機器全体の機構設計も新たに進められ最適な強度設定と内部構造の刷新により大幅な軽量化を達成することができました。

部品の小型化と同時に、第４の研究目的で述べた部品の削減にも取り組みました。歩行の意志を検知するため腕に取り付けされたセンサーを無くし、左右の股関節と膝に付けられたモーターを減らすとともにモーターのトルクを下げる研究が進められました。

これを実現するために、ＡＳＩＭＯの研究で構築した歩行理論を基に、歩行運動を体全体の運動としてとらえ、それを俯瞰的に見ることにより運動の中から歩行運動のきっかけとなるシグナルの検出に成功し第１の研究目的であった歩行意志の検知手法を確立することができました。

さらにモーターにより膝関節へ直接アシストをすることなく股関節のみのアシストで大腿部と下腿部へも影響を与えられるアルゴリズムを構築することができ第４の研究目的で述べた部品の削減も達成することができました。

これらの研究により歩行アシスト機器は当初の予想をはるかに超えた軽量化を達成し、２００２年に18kgあった重量を２００５年には４分の１以下となる約４kgまで減量することができました。

機能開発を進める一方、装着型機器にとって重要な要素となる装着性についての研究が進められました。装着性とは、簡単に装着と脱着ができるか？　装着している時に機器が体にフィットしているか？　特定の部位に当たったり負荷がかかったりしていないか？　違和感なく使い続けられるか？　などのことを表しています。

歩行アシストは、歩行という動的な状態でさまざまな体形の人に安定した保持ができる必要がありますので社内での検討だけではなく、衣料メーカーの協力を得て非接触三次元計測装置を用いて体の姿勢が変化した時の身体形状変化や身体表面伸縮率の測定、接触圧センサーを使用した歩行アシストと人との接触面の圧力の測定などを行い体への負荷を小さくしつつ機器を安定して装着する機構や方法を研究していきました。さらに、外骨格構造を採用しているため外骨格部の移動軌跡と人の骨格の移動軌跡との間にできる軌跡差が、関節や筋肉に無理な力を加えないように外骨格を設計するための研究が続けられました。

このように要件が満たされ基本設計が進むにつれて、デザインの自由度はどんどん少なくなっていきますが、この限られた条件の中でデザイナーが能力を存分に発揮しユーザーからはデザインが素晴らしいと高評価をもらうことができました。

機器の小型化が達成されたことにより制御アルゴリズムの開発も加速し第3の研究目的で述べた一人ひとりの異なる歩き方を瞬時に把握する歩行パターンを検出する研究

が進められました。詳細の説明は控えますが、人それぞれ異なる歩行の特徴を認識するためのセンサーなどを追加することなく、どのような歩行に対してもその歩行パターンが認識でき歩き方に適したアシストをすることができる歩行アシストの基本アルゴリズムが完成されました。

これらの研究が実を結び、２００７年の福祉機器展で初めて医療福祉関係者や歩行訓練を必要とする人に体験してもらうことができ、同時に新たな段階に進むことにもなりました。

13〈筋活動への作用〉

機器の軽量化を成し遂げ制御アルゴリズムの研究が進められていた２００５年、第2の研究目的で述べた筋への働きかけとして、各歩行ステージで活動する筋に的確に運動を促すためのアシスト方法を確立するための研究の一環として、歩行アシストが筋肉に与える活動の変化を確認するために歩行アシストの装着時と非装着時の筋活動を可視化し比較する検証が行われました。

高齢者の健康維持や老化、老年病の予防に関する研究を行っている東京都老人総合研究所との共同研究で専門の先生協力のもと、東京都老人総合研究所ポジトロン医学研究施設でＦＤＧ‐ＰＥＴを使い９人の健常者の被験者に対して行われ、歩行アシストを装着した歩行の方が非装着時に比べ、中殿筋・小殿筋・後脛骨筋・前脛骨筋の筋活動が活発になっていることが認められました。

反面、大腿二頭筋・半膜様筋の筋活動には低下がみられましたが、その他の腸骨筋・内転筋群・外側広筋・内側広筋・大腿直筋・腓腹筋においては大きな変化は認められませんでした。中殿筋と小殿筋は、股関節の屈曲・伸展・内旋・外旋・外転の運動に作用し、前脛骨筋は主につま先を持ち上げる動作（足関節の背屈）に、後脛骨筋と後頚骨筋はつま先を足裏方向に下げる動作（足関節の底屈）に作用する筋であることから、歩行アシストを使って歩行訓練をすると股関節の屈曲・伸展に作用する筋の活動を活発にする可能性があることがわかりました。

一方、筋活動の低下がみられた大腿二頭筋と半膜様筋は主に膝関節の屈曲に作用し、変化が認められなかった筋も股関節の屈曲や伸展、足関節の底屈に作用していますが歩行アシストによる影響は受けていないように思われました。

ここでFDG‐PETについて私が調べた範囲内で説明しますが、詳しく知りたい方は専門書などを見て頂きたいと思います。PETとは陽電子放出断層撮影の略で私たちが耳にするPET検査は、この技術を使った検査でがんの早期発見を可能にしています。がん細胞は正常細胞に比べて3～8倍のブドウ糖を取り込むという性質があるためブドウ糖が多く集まっている箇所を特定することで早期発見につながります。そこで使われるのがFDGという薬剤で、グルコース（ブドウ糖）にポジトロン核種と呼ばれる陽電子放出核種を合成して作られます。これを体内に注入するとポジトロン核種が周りの電子と反応して放射線（γ線＝ガンマ線）に変わり、このγ線をPETカメラで撮影することでブドウ糖を消費する細胞が判別でききがん細胞の発見につながります。

筋肉は血液中のブドウ糖をエネルギーとして使うことで動きますので同様の検査を実施することで、歩行アシストが歩行に必要な筋肉に及ぼす影響を、筋活動を可視化することにより解析することができました。

FDG‐PETを使った検証はこの1回限りであったため、これ以降FDG‐PET

による詳細な解析は実施していませんが、その後に行った京都大学の大畑光司先生との共同研究の中で筋活動との関係が解析されました。

14〈機能・安全性検証〉

福祉機器展に歩行アシストを出展し医療福祉関係の専門家や福祉施設関係者のみならず高齢者や歩行が困難な方にも装着して頂くことによりニーズや改良すべき点が明らかになり、それらに対応し機能を向上するための開発が続けられました。改良を重ねる中、研究機関や病院の先生方から共同研究のお話を頂き、医療機関で初めて歩行訓練での可能性を検証することができました。

２００７年東京都老人総合研究所で歩行アシストを使って高齢者を対象とした歩行訓練プログラムが開始されました。14名の高齢者（平均年齢77・8歳）を対象に、「歩行アシスト運動教室」で週に2日、30～40分間の歩行アシストを使った歩行運動を5カ月で40回実施し、運動機能評価と主観評価を行いました。

歩行アシストを使った歩行運動の前後には体調チェックやウォーミングアップ、クーリングダウンが行われ1回の運動教室はおよそ2時間となっていました。

プログラム終了後、運動教室開始前と40回の運動教室終了後の12分間歩行距離と歩幅について比較したところ運動教室終了後の方が、12分間の歩行距離が延び歩幅も大きくなり、さらに歩き方も改善されていることが認められました。また、訓練をした人の主観評価でも楽に歩けるようになったなどの意見があり、歩行アシストの可能性を見出すことができました。

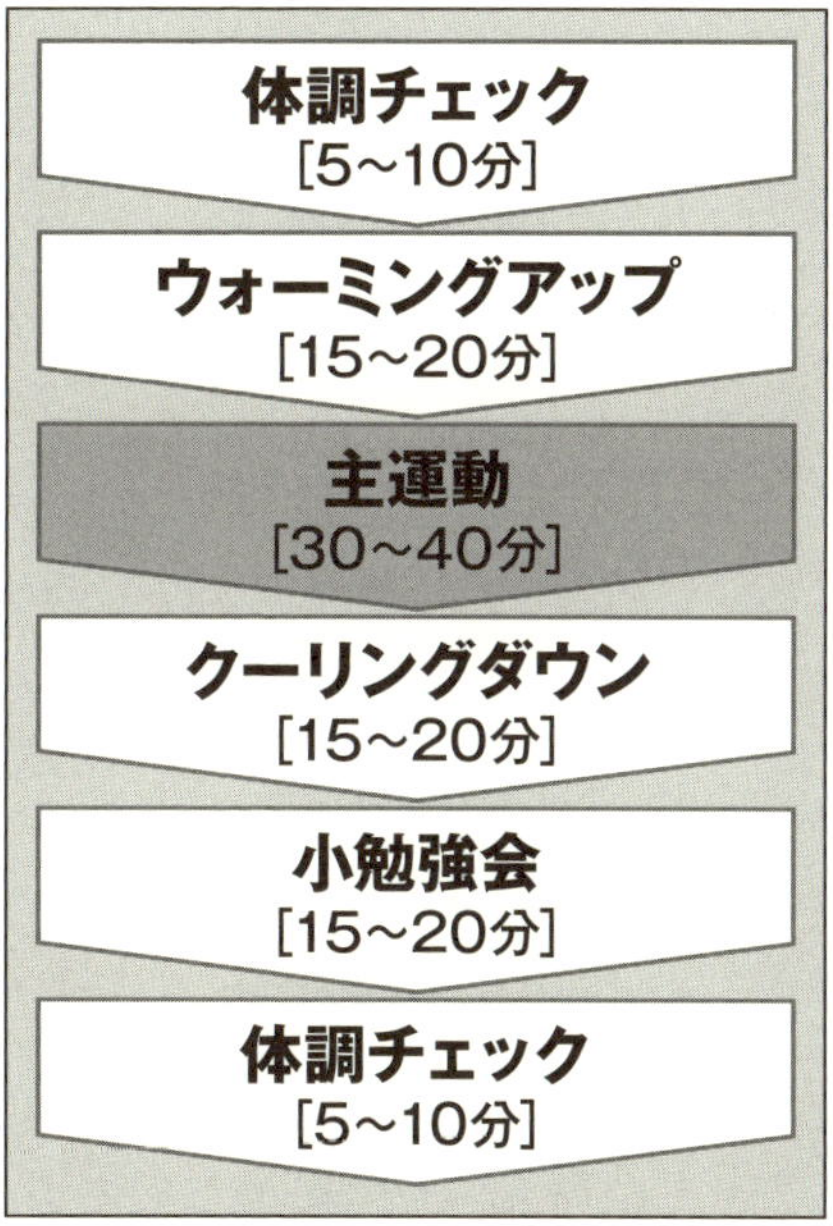

このプログラムは歩行アシストが高齢者の歩行訓練機器として使える可能性があるかどうかを確認することを目的で行いましたので、有意性を評価するＲＣＴ（Randomized Controlled Trial）による有意性評価をしていませんが、歩行アシストにとって初めてとなる専門家による

検証とその結果は大きな財産となりました。ちなみにＲＣＴとは有効性の有意性を比較する試験方法で、歩行訓練を行う人たちを、歩行アシストを装着して訓練するグループと装着しないで訓練するグループに無作為に分けその有意性や影響を測定する手法です。

さらに、２００８年には医療法人真正会霞ヶ関南病院との共同研究でリハビリテーションの歩行訓練に初めて使われました。専門医のもと脳血管疾患による片麻痺の患者さんや脊髄損傷による対麻痺の患者さんなどの歩行訓練に使い即時効果やアフターエフェクト効果が認められ歩行リハビリテーションにも使える可能性を見出すことができました。即時効果とは訓練中に効果がすぐに表れ、アフターエフェクト効果とは訓練中の効果が訓練後も暫く持続する現象を表しますが、これらの効果が確認できたことは訓練機器として使える可能性が非常に高いことを示しています。

医療専門家のもとで高齢者や患者さんに使用して頂けたことで研究所内では知ることができないユーザビリティや医療専門家や高齢者、患者さんのそれぞれの立場から見た歩行アシストの存在意義や期待、改善点などを知ることができたことは歩行アシストの展開に大きな影響を与えました。

一人でも多くの人に自分の足で歩く喜びを与えたい、それがモチベーションを高めた

PHOTO／HONDA

共同研究から約2年後の2009年に現在の商品のベースとなる機器が完成しました。この機器は、開発当初の32kgの機器と比較すると10分の1以下となる2・8kgまで軽くなり実用化が可能な重量となりました。

機能の有効性を検証する一方で、安全性についても検証が進められました。機能、重量とも実用を満たすに十分な歩行アシストの開発が終わる頃、産業分野以外の介護や福祉、家事などの生活分野でロボット技術を活用する動きが活発になってきました。

人の生活分野でロボット技術を普及させるには、産業用ロボットとは異なり人が生活するオープンな環境下でその安全性を確保し保証する必要があるため、その実現のために国の研究機関において安全性技術を確立するためのプロジェクトが始まりました。

このプロジェクトは、国立研究開発法人新エネルギー・産業技術総合開発機構（NEDO）が核になり2009年からの5カ年計画でロボット開発に係わる組織が参画して生活分野のロボットの国際安全規格を作り上げることを目的に『生活支援ロボット実用化プロジェクト』として推進されました。

人が生活する環境下で使われるロボットが人に不利益を与えないよう安全性を確保

するために、ロボットを使う人に対してロボットの安全性を保証するだけではなく、ロボットの周囲にいてロボットを使わない第三者に対しても安全であることを保証するための技術を構築することがこのプロジェクトの目的となっていました。

ロボットの機能や安全性を確保するには、基本設計の段階から安全要件を考慮した開発を行い、さらに完成したロボットで安全の試験を実施することが必要になるため、安全設計手法（本質安全）、評価手法、判断基準を確立して国際規格を整備することがこのプロジェクトの目標となっていました。

このプロジェクトは、〝移動作業型（操縦が中心）生活支援ロボットの開発〟、〝移動作業型（自律が中心）生活支援ロボットの開発〟、〝人間装着（密着）型生活支援ロボットの開発〟、〝搭乗型生活支援ロボットの開発〟と4つのロボット技術に分かれて推進されホンダは歩行アシストを具体的なターゲットにして『人間装着（密着）型生活支援ロボットの開発』に参加しました。

生活支援ロボットの安全性に関わる国際規格の整備を日本が牽引することで産業用ロボットに続いて生活支援ロボットの分野でも世界を先導することが可能になります。

安全性を確保する設計技術と安全性を保証する試験手法を構築するために開発とテストを繰り返すことにより、プロジェクトで整備した安全基準を満たす歩行アシスト機器が完成したのを機に実際の使用環境下で検証することになりました。２０１１年中頃、愛知県大府市にある独立行政法人国立長寿医療研究センターと大府市が協働で実施する介護予防検証プログラムの中で歩行アシストを使用した介護予防教室を開設する計画が立てられました。

これは、国立長寿医療研究センターが大府市と連携し市民の健康長寿のサポートを目的に推進されるプログラムの一環で、加齢により脚力の低下した方を対象に歩行アシストを用いた歩行運動が身体機能にどのような効果を及ぼすかを検証することを目的としていました。

このプログラムは、２０１１年に長寿医療研究センターと大府市が協働で実施した「脳とからだの健康チェック」の参加者約５０００人の中から、今後身体機能が低下していく可能性のある方を対象に、翌２０１２年８月からウォーキングを中心とした各種介護予防教室を開始し約９カ月間実施して効果を検証していく計画となっていました。

２０１２年７月29日、愛知県大府市のリソラ大府ショッピングテラス内に開設された「健康増進・老年病予防センター」を拠点に、近隣の遊歩道などを利用した大規模な検証が始まり、長寿医療研究センターの専門家による指導のもと歩行アシストを用いた歩行運動にはおよそ70名の方が参加し週１～２回のウォーキングとともに身体機能の計測が行われました。

ホンダは独立行政法人新エネルギー・産業技術総合開発機構（ＮＥＤＯ）の「生活支援ロボット実用化プロジェクト」の中で確立してきた歩行アシストの安全性を実用の場で実証するため、このプロジェクトの一環として介護予防検証プログラムに参画し40台の歩行アシストを導入して９カ月間にわたる安全性の実証を行いました。９カ月間の使用を通し、機器自体にもまた第三者に対しても安全であることが確認でき「生活支援ロボット実用化プロジェクト」の中で確立した技術が有効であることを証明できました。

この成果は日本独自の技術としても蓄積されましたが、後にその研究成果はパーソナルケアロボット（生活支援ロボット）の国際規格ＩＳＯ１３４８２に採用されロボット開発に必要な全ての技術項目に関して規定されました。

歩行アシストの検証が進められ基本的な機能や安全性が確認できた頃、国立研究開発法人・産業技術総合研究所が核となり多業種の企業が参画する官民一体の大プロジェクトが動き始めました。

このプロジェクトは2011年3月11日に発生した東日本大震災から1年後、仮設住宅に住まわれている方を対象に復興の支援促進を目的に計画が立てられ、日本のロボット技術も積極的に導入することになっていました。仮設住宅に住まわれている方が運動不足になり廃用症候群を引き起こさないよう健康増進を目的とした歩行促進プログラムも立案され、歩行アシストが参加することになりました。

仮設住宅の隣にロボット専用のトレーラハウスを設置し、多くの人支援ロボットが導入され仮設住宅の方がいつでも手軽に使うことができる環境が整備されました。この活動は、日本の技術を結集した人支援ロボットを復興プロジェクトに活用するというエポックメイキングになったと思いますし、限定的ではありますがホンダにとっても歩行アシストが初めての製品として社会貢献できた画期的な出来事となり、本格的な商品化に進む原動力になりました。

第4章　商品化に向けて

15〈歩行アシストをどうするのか〉

２００９年4月、入社以来29年間在籍した四輪車の研究所を離れ基礎技術研究所に異動した私は、直接研究開発を行う部門ではなくその方向性を検討する部門に配属されました。ホンダでは研究所ごとに研究開発する商品や目的が異なっていますのでそれぞれに独自の特徴があり異なった雰囲気を醸し出していますが、異動になって初めてそれを実感しました。

それまで定期的に実施されていた各研究所間の情報交換により研究内容は把握していましたが、基礎技術研究所は他の研究所と勤務体系も研究スタイルも違っていたため、多少の戸惑いはあったものの、徐々に慣れていき各研究内容の細部まで知り得るようになりました。その中で、初めて歩行アシストを装着した時にこれまで味わったことがなく言葉では言い表せない新鮮な感覚を覚え、それ以降興味をひかれました。

また、歩行アシストのプロジェクトに四輪車の研究所で同じ仕事をしていた同期の仲間がいたため、歩行アシストを開発する目的や求められる機能についての説明を受け理解を深めることができましたし、それを達成する手段や技術的な検証方法については四輪の研究所で経験してきた手法を提案したりすることにより少しずつ開発にも関与するようになっていきました。

機器の技術的な側面は理解できるようになりましたが、歩行アシストが実際に使われているところを見たことがなかったためどのように使われ、またどのように思われているのかは知る由もありませんでした。そのため使っているところを直接見て、話を聞きたいとの思いから間近に迫っていた２００９年の西日本国際福祉機器展に初めて参加しました。

ホンダは、歩行アシストを医療福祉の専門家やユーザーに実際に体験してもらい広く意見を集めることを目的に２００７年から福祉機器展に出展していましたので、私は説明員として福祉機器展へのデビューを果たしました。福祉機器展は、高齢者や障がい者の方の福祉に係わっている介護施設関係の方、病院や施設でリハビリテーションに係わっている医師や療法士、看護士、福祉用具や福祉車両の開発、販売に携わっているメーカーや販売会社、それらを実際に使用するユーザーが一堂に会する非常に大きなイベントで、毎年大阪、名古屋、東京、札幌、北九州で開催され、北九州はその年最後の開催地となっていました。

これまでは、自動車開発に必要と思われる技術の方向性を見極め、新しい技術を習得するために自動車に関連する分野や自身の専門領域となる電子技術分野の展示会やフォーラムに参加した経験しかなかったため福祉機器展がどのような展示会なのか想像がつきませんでした。直接ユーザーと話をすることが目的でしたが、初めての福祉機器展では多くの来場者に機器を装着することで精一杯で体験者の話を聞く余裕がなく、また歩行リハビリテーションにかかわる専門用語も理解できなかったため当初の目的を十分果たすことができず終わってしまいました。

しかし、多くの人が興味を持っていることがわかりましたし、幸いなことに翌年からも説明員として福祉機器展に参加することができ、いろいろな地域の人からさまざまな意見を聞くことができました。

機器を初めて使用した第一印象は殆どの方から、「装着したらとても歩きやすかった」などの好意的な意見を貰うことができましたが、反面出展に対する厳しい意見も多く、

『こんなに歩き易くなるのにどうして実際に使うことができないのか』、『商品化の無い機器をなぜ毎年出展しているのか』、『装着したいが昨年と変わっていないのであれば装着する必要はない』などの意見の他、『人の役に立つ機器を商品化しないというのは創業者の意に反していて本田宗一郎が悲しんでいるぞ！』とのお叱りも受けました。

必要とする人が使えないまま期待を煽るだけでは出展する意味もないと思い、それらの意見を真摯に受け止める必要がありました。更に来場者以外からも、長年歩行アシストをやっていて商品化しないのであれば権利を売った方が社会のためになるのではないかと、提案された時には、当時まだ開発担当ではありませんでしたが、必ず商品化すると宣言をしていました。後に歩行アシストの商品化に成功した時には、その方からお褒めの言葉を頂いたことを覚えています。

福祉機器展の指摘内容を受け、歩行アシストが置かれた状況をニュートラルな立場から見直し、課題の洗い出しから取り組みました。その結果、開発中の機器で商品化の予定が無いことを来場者に伝え毎年出展している、初めて装着する人の第一印象の好評に満足している、機能の進化が無い、商品化に向けた具体的な取り組みが無い、など多くの課題や懸案が浮かび上がってきました。

16〈商品化に必要なこと〉

まず、なぜそうなってしまったのかを整理するために、展示会における歩行アシストの位置づけを紐解いてみることにしました。

自動車や家電製品の展示会は、使用対象者や目的が明確になっている製品をユーザーが直接見たり触れたりしてその性能や機能、デザイン、使い勝手などを評価し、購入に繋げてもらうことを目的に行われています。そのため既に販売されている製品の場合は他社との違いや優位性を十分に説明し理解してもらうことが重要ですが、これまでにない新機能の製品においては、開発目的や対象者を明確にしたうえで対象となるユーザーに機能を理解してもらう必要があります。この場合、ユーザーが購入代金を支払う価値があると納得してもらえるようにPRできることが重要で、製品そのものの仕様を変更するための意見を求めることを目的とはしていません。

この観点で歩行アシストの展示会を振り返ってみると、開発目的や対象者が曖昧なため明確な機能の性格付けができていないにもかかわらず、商品化する予定のない試作品のＰＲ要素が強く、機能や使い勝手の改善につながる意見を積極的に求める姿勢が不足していたため中途半端な状態になっていると判断しました。

この検討結果から、今後取り組むべき課題が見えてきました。歩行アシストは、高齢化社会に貢献することを目的に開発が始まりましたので、その趣旨からして商品化しない限り機器の進歩もなく高齢化社会への貢献もできないため、その存在意義を失ってしまうとの想いから少しでも早く世の中に出すために洗い出した課題への取り組みを始めました。

まず第一番目として、医療福祉の専門家に具体的な質問をして客観的な答えを引き出せるよう自分たちの歩行に関する知識レベルをアップする必要がありました。歩行アシストは脚の屈曲（脚を前上方に出す動き）と伸展（脚を後ろに蹴る動き）をアシストする動作をしますが、このような動きをする機器はそれまで無かったため初めて装着した人はその動作に驚き〝楽に脚が上がる〟などの良い意見を言ってくれますが、これは機器に有効性があることを意味しているのではなく初体験に対する感想と受け止め、使い続けた時の意見とは別ものであることを認識しなければなりません。
また、私もそうですが、日本人は意見を求めると殆どのばあい実際に思っていること
よりも好意的な評価をしてくれますので、その言葉だけに満足せず改善につながる意見
をもらうためには、良い質問をすることが必要になります。
二番目としては、前章の第2の研究目的で述べた筋への働きかけとして、各歩行ス
テージで活動する筋に的確に運動を促すためのアシスト方法を確立することです。第3
章のFDG‐PETによる検証で歩行アシストが筋活動へ影響を与えていることがわか
りましたので、アシスト方法を変えると筋活動にどのような影響が出るのかをFDG‐
PETを使わずに解析し、その相関関係を見つけることでアルゴリズムの構築につなげ
ようとしました。
三番目は、二番目の筋活動への働きかけと関連してきますが、歩行アシストによる筋
への働きかけで歩行訓練効果が期待できる身体特徴と症状を明確にして機能の適正化を
行うことです。これは歩行アシストの基本設計を大きく変えることなく実現することを
前提としています。

四番目は、歩行アシストの訓練効果を三次元動作解析装置や筋電図を用いることなく客観的に評価する方法を確立して状態に合わせて最適なセッティングができることを目的としました。

ユーザーが製品を購入する際、その機能が役に立つと判断できれば、その対価として代金を支払って受け入れてくれますが、それが明確でないとたとえ価格が安くても受け入れてはもらえないため、これらを商品化に向けた重要な課題と捉え推進することにしました。

17〈動作解析と有効性検証〉

ホンダは、機器を設計し製造することを得意としていますが、この４つの課題に対しては医学的な知識や経験が必要なため社内で進めることはできないと判断し専門家の協力を仰ぐことに決めました。幸運にも歩行リハビリテーションの研究を専門とする京都大学大学院医学研究科人間健康科学系専攻・大畑光司講師のご指導を受けられることになり一気に視界が晴れ渡りました。

大畑先生に歩行アシストの経緯と現状、及び商品化に向け取り組むべきと認識している課題をご説明し、それらを解決するための研究指針と具体的な研究項目を洗い出して頂き、２０１０年秋から商品化をめざし京都大学との共同研究がスタートしました。

大畑先生と検討した結果、健常者で有効性が確認できたら脳血管疾患の後遺症を持つ患者さんに装着して検証を始めることになりましたので、まず健常者を対象とした歩行アシストの有無による歩行効率の測定が行われました。

歩行効率とは自動車の燃費にあたるもので、いかに楽に歩くことができるかを評価するテストでトレッドミルと呼気ガス分析計を用いて測定されました。歩行効率が良いとは同じ距離を楽に歩くことができることを示しています。大畑先生は、10名の健常者に対し歩行アシスト装着時と非装着時の歩行効率を測定し比較したところ、装着時の方が非装着時に比べ最大歩行速度で約10％、快適歩行速度で約８％の歩行効率の向上が確認できました。さらにこの歩行効率の向上分は、約30％の体重を免荷した場合に匹敵する効果であることもわかりました。

この結果から、健常者よりも歩行効率が低下している有疾患者に対して使用すると歩行効率のみでなく運動学的変化も期待できるとの判断から、片麻痺により歩行に障がいを持つ人に歩行アシストを使った歩行訓練をおこないその効果について検証を行うことになりました。

脳血管疾患の発症から13年ほど経過している維持期の方の歩行の変化を確認するため、①歩行アシストを装着しない時の歩行、②歩行アシストを装着した時の歩行、③その後歩行アシストを外した後の歩行をビデオによる歩容（歩き方）の変化と筋電図の変化により比較しました。

その結果、①で示すいつもの歩き方と比べ、②でアシストを装着して歩行している時には屈曲動作が大きくなっていることと、その動作に作用する筋肉を動かす筋電の活動も活発になるとともに正常なタイミングで発生するように変化していることが認められました。さらにこの変化は歩行アシストを外した後の③の歩行時にも暫く残っていたため、アフターエフェクト効果を確認することもできました。また、装着した人からも脚を安定して振り出すことができとても歩きやすかったとの体感評価を得ました。

大畑先生によるこの2つの先行検証結果から、歩行アシストは歩行に必要な筋を適正なタイミングで活性化させ、不要なタイミングでの活性を抑えるように歩行を誘導することにより、歩行訓練をする人が持っている能力を引き出すことで歩行リハビリテーションの歩行訓練機器として使える可能性が十分あると思われました。

歩行アシストの使用で直ぐに大きな変化が出ることを即時効果と言いますが、これは歩行アシストが装着者の歩行を治したのではなく装着者が持っていた能力を引き出した結果です。

これらの結果により、歩行アシストが筋活動に与える影響を解明するための大畑先生との共同研究が本格的に開始したのと時を同じくして、脳血管疾患により歩行障がいを持つ患者さんの歩行訓練に歩行アシストを使う計画が持ち上がりました。

2010年秋、脳血管疾患の患者さんの回復期リハビリテーションを行っていた湯布院厚生年金病院（現独立行政法人地域医療機能推進機構湯布院病院）の森照明院長（現在、社会医療法人敬和会統括院長）のもとを、歩行アシストを持ってお伺いしたところ歩行アシストに興味を持って頂くことができ、翌2011年2月に開設する〝先進リハビリテーション・ケアセンター湯布院〟で歩行アシストを使った歩行リハビリテーションを始めたいとのお話を頂きました。私は臨床での有効性を検証していきたいと思っていましたので10台の機器を用意して開設を待つことになりましたが、その間に三次元動作解析システムも導入され歩行解析の環境が整いました。

2月に開設したセンターには多くの研究テーマがありましたが、その一つに〝歩行アシストチーム〟が加わり湯布院厚生年金病院の理学療法士渡邊亜紀先生（現在、社会医療法人敬和会大分リハビリテーション病院）が責任者となり、脳血管疾患で歩行リハビリテーションが必要な患者さんを対象に、10台の歩行アシストを使った歩行訓練の有効性を検証するために約2年間に及ぶ共同研究が始まりました。

京都大学とは共同研究が既に始まっていましたので、大畑先生と森先生に相談し、入院患者さんを対象とした動作解析も定期的に行うことになり、京都大学、湯布院厚生年金病院、ホンダによる大規模な解析と臨床が始まりました。

臨床検証の中では、患者さんの歩行機能の回復を客観的に測定するとともに、どのような歩行状態の人に歩行アシストが使えるか、患者さんの症状に適した歩行アシストによる効果的な訓練方法はどのようなものか、歩行アシストが歩行運動機能にどのような影響を与えるか、などを三次元動作解析システムや筋電図による解析結果とＰＣＩ（Physiological Cost Index）、10ｍ歩行や6分間歩行などの計測結果と合わせて総合的に解析、評価し判断していきました。

18〈商品化に向けた機能の改善〉

機能検証と同時に機器をどのように進化させるのかを考える中で、大きく分けて歩行訓練機能としての進化と使い勝手の進化に分けました。訓練機能に関しては大畑先生や渡邊先生をはじめとする理学療法士さんとの議論を重ね、使い勝手については直接患者さんにも意見を聞ける機会を作って頂き、まさに患医工という最強の連携でコミュニケーションを図りながら共同研究を推進し仕様固めを行うことができました。

渡邊先生のもとには月に一度訪問しリハビリテーションの現場を見せて頂くとともに機能についての議論を繰り返しおこないました。

病院では歩行リハビリテーションだけではなく、それ以外のリハビリテーションも観察する中で、一人の患者さんのリハビリテーション全体の時間の中で歩行アシストを使った訓練の割合は10％ほどしかなく歩行訓練に対する歩行アシストの貢献度は低いのではないか？　リハビリテーションの90％は基本機能を再獲得するための訓練を理学療法士さんがおこなっていて、そのお陰で歩行アシストが使えているだけではないか？という想いを感じるようになりました。

これは私が受けた感覚でありこの比率が正確かどうかはわかりませんが、このような想いからロボットは万能ではなくリハビリテーションの一部を担うためにどうあるべきかを前提に機能付けをしないと普及どころか受け入れられないとの想いが強くなり、視点を変え改めて歩行アシストを商品化するための位置付けを整理しはっきりさせる必要性が出てきました。

歩行訓練は、歩行機能を回復し歩行の再獲得をする目的で行われるため、再獲得の目標レベルを明確にし、その達成手法を決めなければなりません。訓練にロボットを使う以上は、これまでの訓練方法よりも高い目標レベルを達成するか同じ目標レベルであれば短期間で到達することができなければその必要性がありません。

このような観点も踏まえ、歩行アシストの商品化に必要な使われ方の場面を整理し、

（1）歩行アシストを使わない訓練（歩行アシストではできない、もしくは人が行う方が良い）

（2）歩行アシストを使った方が良い訓練（人でもできるが歩行アシストの方が得意）

（3）歩行アシストを使うべき訓練（人ではできない）

の3つに分類しましたが、この考え方は、全ての訓練機器に当てはまると思います。

（1）はリハビリテーションの根幹で、歩行リハビリテーションに関して言えば、歩行に必要な体作りで歩くために必要な関節の可動域の拡大や立って歩くために必要な筋肉の強化、バランス感覚の改善や神経系の機能改善を目的とした訓練で、それを成し遂げるには各人の状態や体調などの違いに合わせて対応する必要があり高いスキルが必要となります。

（2）は正確な動作の繰り返しや一定間隔で同じ動作を反復する訓練で、訓練メニューが決まれば一動作毎に理学療法士が専門的な判断や対応をする必要性が比較的少なく、理学療法士の身体的負担を減らしながら効果的な訓練を効率的に長時間行うことができ、

目標達成までの時間短縮を目的としています。（3）は、人それぞれ特徴のある歩き方に合わせて歩行中の脚に適切なタイミングで直接働きかけることにより複数の筋肉や関節を連動させて歩行を誘導する訓練で、各人が持っている能力を最大限に引き出し従来よりも高い目標レベルに到達することを目標にしています。

これをテニスに例えてみると、（1）は柔軟性や筋力、瞬発力を向上させるための体を作る基礎訓練で直接触れて指導できる訓練内容を意味し、（2）はコートの上で正しい素振りを繰り返すなどの実戦訓練を行うための基本動作にあたります。（3）はコート内で時々刻々と変化する試合に近い状況の中で動きまわって球を打ち実戦能力を高める訓練で口頭による指示に留まることなく、装着型ロボットが体の最適な動かし方を誘導することになります。

この考え方で機器の機能を次のように定めて実現しました。

【ステップ訓練機能】

人は片方の脚を前に振り出すと同時にもう片方の脚を後ろに蹴り出して歩きますが、この歩行動作はステップ動作と呼ばれ歩行の基本動作となっています。右脚のステップ動作を例に、具体的な動作を説明します。

右足を左足の後ろに置き、右足裏全体と左足の踵を接地（つま先は地面から浮かす）した位置から左足の踵にゆっくり体重を乗せつま先に体重を移動させます。その時、同時に右足の踵を床面から離し始め、母指球からつま先へと順次床面から離して前方に右脚を振り出します。この時、左脚は床面に接して全体重を支えており接地している左脚を立脚、地面から離れている右脚を遊脚と言います。

遊脚である右脚は前方に振り出された後、踵から接地し始め一歩の動作が完了し、この後左脚のステップ動作が同じように繰り返されます。

ステップ訓練では、接地している左脚で体重を支えながらその股関節を後方に回転させ、床面から離れている右脚の股関節を前方に回転させる動作が、平らな床面と階段を使って行われています。脳血管疾患で片麻痺になった患者さんは、麻痺側の脚で立つことや麻痺側の脚を前後に動かすことが難しいため、歩行再獲得のためには基本的な歩行の動きであるステップ動作の訓練が非常に重要であることがわかりました。

歩行アシストは、左右の大転子（大腿骨頸の上外側）付近に装着された2つのモーターを使って大腿部を駆動しますが、この機構とモーターの仕様を大きく変更することなくモーターの駆動方法を新たに追加することで新しいステップ訓練機能を追加することができました。

この機能を追加して共同研究の中で使い始めたところ理学療法士さんの負荷を減らしながら正確なステップ動作を繰り返すことにより訓練量を増やすことができました。さらに、この機能を使った訓練を観察していたところ新たな訓練方法を見つけることができました。

片麻痺の方は麻痺側の脚を上げる時に上げる意識が強いためか、つま先に力が入ってしまいスムーズに脚が上がりにくくなっていましたが、脚の力を抜いてモーターの力を上手く使うことによりスムーズに脚を振り出す感覚がわかり、適切な体の使い方や力の加え方を習得することができました。

共同研究の結果との一つとして新たな機能を構築し提供することができました。

【歩行の誘導機能】

歩行アシストは、歩行に必要な神経系の機能は正常ですが、加齢によって筋力の低下や関節の可動域の減少により歩行能力が低下した人や歩行能力の低下を防止する目的の人を対象にして開発されたため、機器を使って訓練する人の歩き方を変えるというよりは、脚を出しやすくすることを目的としていました。

共同研究を始めるきっかけとなった小田伸午先生（当時京都大学教授）に初めて歩行アシストを見て頂いた時に、「人は赤ちゃんの時にハイハイを覚え、その後立つことと歩くことを覚えるが誰にも教えて貰っていないので、一人ひとり歩き方に個性があり、また病気などにより歩かない期間が続くと歩き方を忘れてしまう」というお話をお聞きしていました。確かに、展示会などで普段歩いている人に「普通に歩いて下さい」とお願いすると考えてしまい同じ側の腕と脚が出そうになる時があり、その理由が良くわかりました。

共同研究を進める中で歩行リハビリテーションを観察していると、歩き方を忘れている患者さんに正しい歩行が誘導できれば多くの人が歩けるようになるのではないか、と思うようになりました。

人は、片脚を前に振り出し（屈曲）もう一方の脚を後ろに蹴る（伸展）動作を繰り返すことにより歩きますので、疾患などにより歩行動作がうまくできない人に、その人の歩き方を少しだけ改善できるように、その人の歩き方に合わせたタイミングで屈曲と伸展を誘導する機能を目標の一つとしました。

さらに歩行は両脚の動きが連動していますので、脳血管疾患で片脚に麻痺がある人の歩行訓練では麻痺側の脚のみではなく非麻痺側の脚の動きもアシストすることが必要となり、左右異なるアシストが求められます。さらに重心移動も歩行に重要な役割を担っていますので、上肢の動きとの連動も考慮しなければなりません。

これら訓練中の一連の動作を人が徒手で行うには難しさがありますが、歩行アシストであれば訓練中常に歩行の誘導を体感として伝えることができますので、歩行アシストが得意とする訓練方法として提供することになりました。これまでは、歩いている人の脚に直接触れて歩行を誘導する訓練は理学療法士さんに大きな負担がかかっています。また、一歩一歩ゆっくり脚を動かす歩行動作には対応することができますが、通常の速さ（例えば時速４㎞）で歩いている人の脚に触れて歩行を誘導し、かつ体重移動を促すことはできません。歩行アシストはそれを可能にしました。

この機能は、歩行アシストを装着した片麻痺の回復期の患者さんの脚の動きや歩き方、体の動揺の変化などを筋電図や三次元動作解析装置を使って計測しながら屈曲・伸展のアシスト力や切り替えタイミングなどを細かく調整しながら最適値を探っていくことで実現できました。共同研究において、このように歩行中直接脚にアシストを加え歩き方に影響を与えることにより、歩行理論に基づいた理想とされる歩行の誘導を実践することが可能になり、歩行理論の検証と機器の改善を推し進めることで歩行アシストを使う優位性を明確にすることができました。

歩行アシストは、歩くことが難しい方や上手く歩けない方が使用すると歩行が改善し歩けるようになる機器ではなく、歩行リハビリテーションの中の歩行訓練に使って頂くことにより効率的な歩行訓練ができることを目的としている機器です。そのため、歩行に必要な身体機能を回復するためのリハビリテーションと組み合わせて使用して頂きますが、訓練される方の身体機能や歩行機能の改善度に適した機器のセッティングを行う必要があります。

歩行訓練機能に加え、計測機能も進化を遂げましたので歩行訓練をされる方にとっては訓練のモチベーション向上として、理学療法士さんに対しては最適な訓練方法立案の手助けとして活用されています。

歩行能力の評価としては、歩行速度や歩幅を測定するための10ｍ歩行テストや、ＴＵＧ（Timed Up to Go）、6分間歩行テストなどが用いられますが、歩行アシストを装着して10ｍ歩行テストや6分間歩行テストを行う時にコントローラー用専用タブレットをストップウォッチの代わりに使用すると、10ｍ歩行時の歩幅や歩数、歩行速度が自動計測され保存されます。

また歩行アシストが計測している股関節の動きを計測することにより、脚の動くタイミングや動く量、左右の対称性などを計測できるほか、これらのデータを保存して過去の歩行と現在の歩行を比較でき、さらに歩行改善の経緯をグラフ化して確認することができます。

このデータは、エクセルで解析し患者さんの歩行カルテとしての役目も果たせるようにしました。前述の測定方法を簡単に説明しますと、10ｍ歩行は、10ｍの所要時間をストップウォッチにて計測し歩行速度の計測に使われ、ＴＵＧ（Timed Up to Go）は、椅子から立ち上がり、３ｍ歩行後方向転換して戻り元の椅子に座るまでの時間を測定し高齢者の歩行やバランス機能を評価するために行われます。また、６分間歩行は、６分間の歩行距離を測定して全身持久力の測定に用いられています。

19〈商品化〉

共同研究により機器の有効性や効果的な使い方が明確になるとともに、商品化に向けて改善すべき機能や追加する機能が決まり商品化に向けた開発が始まりました。しかし、リハビリテーションや介護・福祉の分野へは初参入のため、商品化に向けて構築してきた機能が本当に受け入れられるのか？　福祉機器展などでは良い評価を頂いているがそれは本当だろうか？　リハビリテーションの場で本当にロボットを必要としているのか？　想定価格設定は妥当なのか？　この大きさで受け入れてもらえるのか？　など数々の心配事項や懸案項目がありました。

しかし２００７年から福祉機器展に出展して以来既に6年目に入り、その間に機器を体験した多くの医療福祉介護の専門家や歩行支援を必要とする人たちから多くの改善点や期待の意見を聞いてきたにもかかわらず、このまま商品化しないことはこれまで協力して頂いた人たちを裏切ることになるため、いよいよ決断の時を迎えることになりました。経験のない領域で製品を出すための心配事項や懸案項目をいくら考えてもきりが無いため、とりあえず100台の歩行アシストを製造しリハビリテーション病院や施設に一年間のリースを行い、もし受け入れられる兆候が無いと判断したら商品化することなくそれ以降の開発も中止する、という提案をトップにすることにしました。

ホンダには直接経営陣に提案できるシステムがあり、医療専門家や患者さんの声、臨床結果、今後の方向性などとともに提案したところ、その場で100台製造の許可が得られ予算も確保することができました。歩行アシストにとってもホンダにとっても非常に大きな一歩を踏み出すことができました。早速、共同研究で使用した機器をベースにリース機器の開発に着手し2013年6月から台数限定の先行リースが始まり、歩行アシストの運命を決める1年間が緊張の中でスタートしました。

これまで歩行アシストを使ったこともなければ見たことも触れたこともない医療関係の先生方や経営に携わる人が、リース料を支払って未知の機器を採用してくれるかどうかは予想がつかず不安な門出でした。リースが低調に終わった場合、歩行アシストの未来が無くなりますので最初の注文を受けた時にはホッとしたことを覚えています。その後、問い合わせや注文が多く入り1カ月余りで100台の機器が約50の病院と施設で使用してもらえることになりましたので第一関門を突破し希望を持つことができました。

これまでは、主に片麻痺の患者さんのリハビリテーションに使用されていましたが、多くの医療施設が採用してくれたことにより、使用対象が広がりこれまで殆ど経験のない片麻痺以外の疾患を持つ患者さんのリハビリテーションにも使用されるようになりました。さらに、採用して頂いた全ての医療施設を訪問して訓練機能や計測機能、取り扱い方、価格、販売経路、アフターサービスなどに関する忌憚のない貴重なご意見を聞くことができました。

技術面に関して得た情報で早急に対応できる内容については直ぐ対応しリース機器に反映し、時間を要する内容については商品化に向けた開発の中で改善していきました。先行モニターで、さまざまな使い方を見て、また多くの意見を聞くことで、歩行を誘導するための最適なアシスト力が明確になり、商品性を左右する機器の重量や機構設計に大きな影響を与えるモーターの仕様を決めることができました。

歩行アシストを導入して頂いた病院や施設との情報交換により、開発からアフターサービスに至るまでのさまざまなご要望やご意見を頂くことができました。特に訓練機能に関しては、ステップ訓練機能を進化させ疾患ごとの特徴に適した立脚期と遊脚期の訓練が効率よく行えるような仕様に変更するとともにセッティング要素も増やしより使いやすい機能に進化させ、さらに歩行能力が改善し左右の非対称性が少なくなった人にも使って頂けるように左右の脚の動作を対称にするよう歩行を誘導する機能も追加しました。

この追加機能により歩行が回復した片麻痺患者さんの訓練のみならず高齢者や介護予防を目的とした使用にもより効果的な訓練ができるようになりました。

計測機能においても情報交換の結果を受けて改善を行い、取得したデータの処理機能の向上を図るとともにタブレットのカメラを使った画像録画と股関節動作データを関連させて歩行確認ができるようにしました。この機能により、患者さんがご自分の歩き方を歩行訓練中に見ることと、訓練直後に歩き方のビデオと歩行データによる訓練成果を即座に確認することが可能になりました。計測機能の向上は、歩行訓練のモチベーションの向上のみならず訓練計画の立案や変更を適時行うことにより訓練効率の向上にもつながりました。

機構においては体形によらずシームレスに装着できるように変更し、またモーターが発生する力を効率良く伝達できるように再設計することで安定した制御ができるようになりました。機能の確立と並行して商品化に不可欠な信頼性、安全性、装着性の要件を決めるため機器の使用頻度や使われ方、装脱着の様子の観察をするとともに、機器の定期的なチェックを行い要件を確立していきました。また、商品性を左右し機器の導入に大きな影響を与える大きさと重量については徹底的な部品の見直しと要件の再考を行い小型軽量化に取り組みました。

このように背水の陣で行った先行リースは、導入を決断して頂いた医療施設のお陰で商品化に向け大変貴重な多くの成果を残して1年を終えることができました。この先行リースの結果と商品化に向けた展開案を再度トップ報告しついに商品化への道が開けました。先行リースが始まって2年後の2015年中頃、初めての商品となる歩行アシストが完成しました。

20〈ＩＳＯ１３４８２〉

歩行アシストの商品化に向け、ロボットの安全性を保証するため、国立研究開発法人新エネルギー・産業技術総合開発機構（ＮＥＤＯ）が核になり推進していた『生活支援ロボット実用化プロジェクト』の活動により規格化された生活分野のロボットの国際安全規格であるＩＳＯ１３４８２の取得を目指し、商品化する最終モデルで設計段階からの検証を行っていました。約１年間に及ぶ評価と非常に厳しい審査を経て歩行訓練用機器の機能、計測機能、使いやすさと装着性、安全性が認められ人間装着型生活支援ロボットとしてＩＳＯ１３４８２の認証を取得することができました。

ＩＳＯ１３４８２の取得により全ての開発が完了し、２０１５年11月、ホンダとして初めてロボットが商品として世の中に送り出されました。

2015年10月にＩＳＯ13482を取得し、翌11月から
ホンダ初のロボットがリリースされた

PHOTO／HONDA

第5章　歩行アシスト五人の侍

21〈出会い〉

２０１０年の大阪（４月）と名古屋（５月）の福祉機器展を終え、私は、今の延長線上に商品化の道はないとの思いから、最大の目標である**①歩行の知識を習得、②的確な筋への働きかけ、③使用対象者と要求機能の明確化、④客観的評価手法の確立**をどう実現するかを模索していました。

一般的な開発では、製品の機能や使い勝手などを商品企画段階で決め、それを基に設計し試作品を製作して企画段階で決めた機能や要件を満たしているかどうかの確認を行います。これらの確認ができると基本的な機能、考え得る環境、状況下で使い勝手、耐久性などがユーザーに受け入れられるかどうかを検証し、必要によっては改良を加えて商品に仕上げていきます。検証に必要な手法を決め判断基準を設定するためのノウハウはそれまでの経験により企業が独自に持っていますので、ほとんどの場合これらは全て企業内部で行われるため、開発が完了するまで社外に開発品がでることはなく社外に出る時には既に製品として全ての検証が終了しています。

しかし、歩行アシストが歩行運動で使われる各筋に及ぼす影響やそのメカニズムがわからないため「そもそも歩行アシストって何？」って尋ねられても「歩行アシストの有効性は？」と尋ねられても上手く説明することができませんでした。そのため、商品化に向けには４つの目標を達成することは自身の力では不可能だと判断し教えを請うために歩行を研究している専門の先生や研究組織を探し始めることにしました。

２００７年の福祉機器展に初めて出展して以降、歩行アシストは、多くの人の協力を得て進化を続けてきましたが、試作品から商品化へのターニングポイントとなった時期に焦点を当て、歩行の原理を学び、アシストのあるべき姿を探り、臨床での有効性の検証に至るまでの過程を振り返り、共同研究をして頂いた先生方との出会いや歩行支援機器に対する期待なども紹介したいと思います。

当時の私は、歩くことは単に脚を前後に動かす動作という認識しか持っていなかったため歩行に関して知りたいと思いながらも何を知れば良いかもわからない状況でした。そのため〝きれいに見せる歩き方〟とか〝健康を維持するための歩き方〟などの言葉を頼りにインターネットで検索を続け、科学的なアプローチができる専門家を探していました。その頃〝常歩〟という言葉に出合い、『常歩（なみあし）研究会』の存在を知りました。

調べてみると二軸歩行という言葉を目にし、歩行とスポーツを関連させて研究しているということはわかりましたが、歩行の知識が無い私には研究会の活動内容を見ても理解できませんでした。とにかく一度お会いして歩行について話を聞いてみたいとの思いから、２０１０年の7月、新大阪駅近くのホテルのカフェで常歩研究会の木寺英史先生とお会いすることができました。

22〈常歩研究会〉

おそらく**木寺先生**は、見も知らない人からの突然の面会依頼に疑心暗鬼であったと思いますが、よく会って下さったと今更ながらに大変感謝しています。木寺先生は当時奈良工業高等専門学校准教授（現在は九州共立大学スポーツ学部教授）をされていて剣道教士七段という実力の持ち主でもあり、武道論・身体運動文化論・身体動作論をご専門とされ武道の視点からも歩行を研究されていました。

早速、福祉機器展に出展している歩行アシストの資料を基に機器の特徴や開発経緯、これまでに行ってきた検証内容、今後検証していきたいことなどを伝え、一度歩行アシストを見て頂きたいとの想いを伝えました。後にこの時の印象をお尋ねしたところ「面会の目的がどのような話なのか皆目見当がつきませんでした、また、歩行動作をアシストするという発想が私の中に全くありませんでした」と仰っていましたが、その時の私の藁をも掴む思いを察して頂けたのか、何とか申し出を受けて頂き常歩研究会の先生方に歩行アシストを試して頂く機会を得ることができました。

こうして新たな第一歩を踏み出すことができました。

さっそく翌月、歩行アシスト持って京都大学を訪れ、木寺先生と研究をされている常歩研究会の**小田伸午先生**、**小山田良治先生**にお会いすることができました。

小田伸午先生は当時京都大学高等教育研究開発推進センター教授（現在は関西大学人間健康学部教授）をされていて人間の身体運動や運動制御機構を生理、心理、物理の分野から総合的に研究する〝ヒトの運動制御研究〟をご専門とされ、１９８３年から１９９０年までは日本代表ラグビーチームのトレーニングコーチもされていました。

小山田良治先生は、スポーツマッサージ五体治療院代表でプロ野球選手、Ｊリーグサッカー選手、競輪選手など、多くのスポーツ選手を独自のスポーツマッサージ術で治療するとともに、怪我をしないための動作やトレーニングについてのアドバイスを行うことをご専門とされています。

私は、先生方とお会いするまで、常歩研究会のことを知りませんでしたので、私と同じように〝常歩研究会って何？〟と思われる方のために少し紹介させて頂きます。

常歩研究会は、１９９７年頃、歩行の研究をされていた小田先生と小山田先生が知人の紹介により出会い、歩行に関する情報交換が始まったことに端を発し、２年後の１９９９年に木寺先生が新たに加わり3名による研究が始まったことを機に翌２０００年に〝常歩研究会〟と命名し、その後多方面の先生方が加わり現在に至っている研究会です。

小田先生は当時、『身体運動における右と左』という著書のタイトルにもなっているように、筋出力における左右肢の運動制御メカニズムの観点から、小山田先生は豊富な治療経験により「身体の左右はあらゆる面で非対称である」との観点から、また木寺先

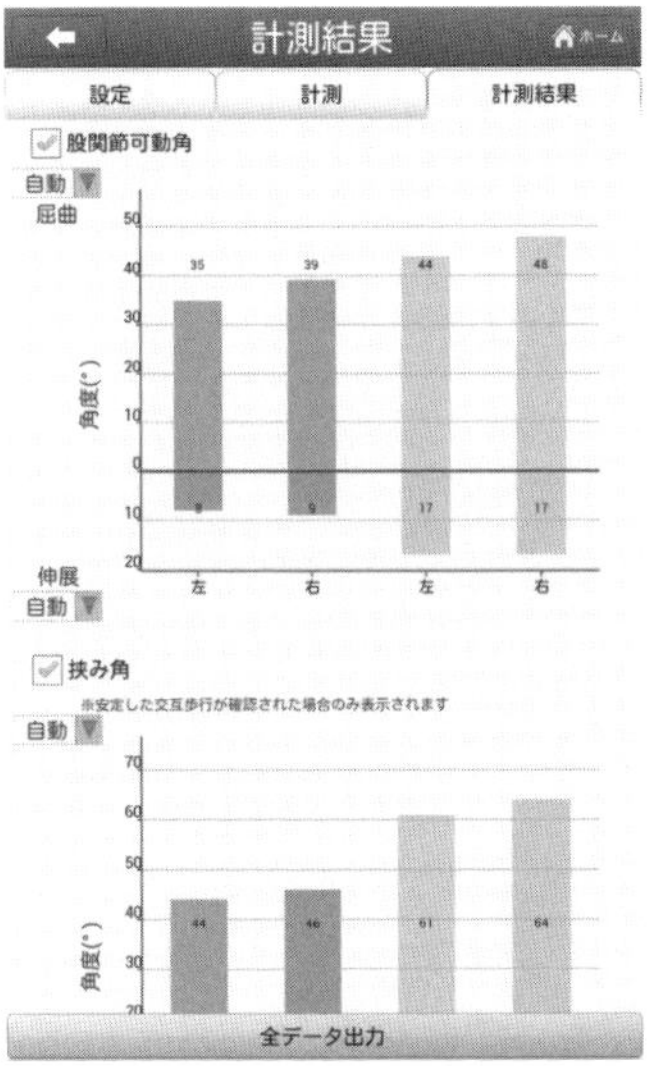

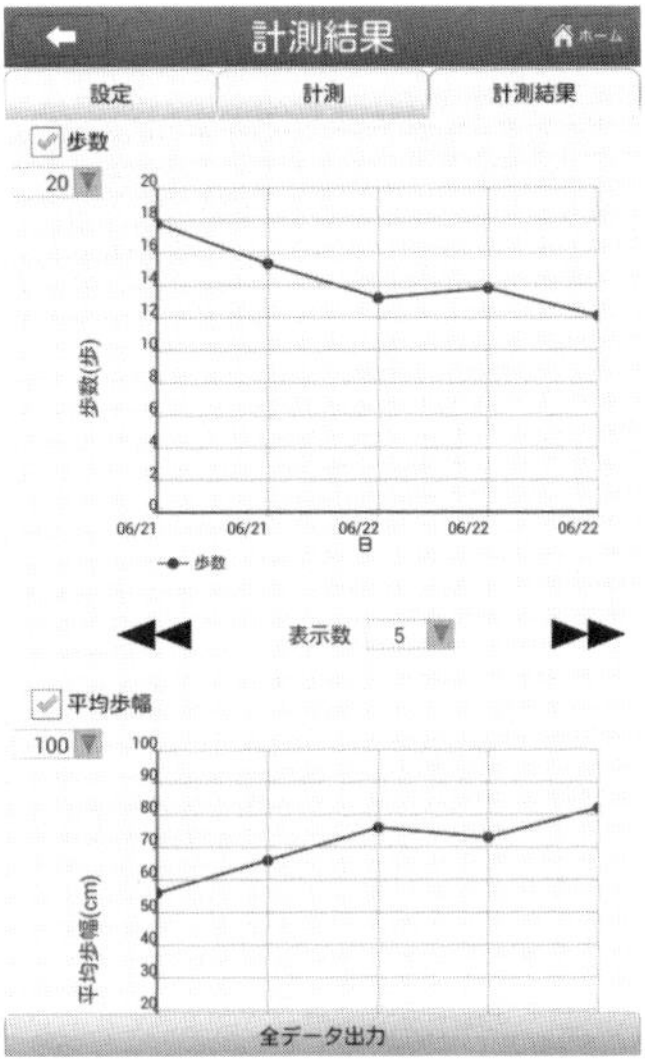

研究・開発を進めるうえで取得するデータも車の開発とはまったく違うものだが、根本的な部分に違いはない。細かく取得した各種データを基に解析を進める

PHOTO／HONDA

生は剣道の技術、動作研究より「右と左の特性がある」という観点からそれぞれ歩行における「右と左」の研究をされていました。専門分野が異なる3人の先生方が共通する課題を持つことによって研究会が発足しその活動が始まっています。

常歩研究会では、〝身体に左と右の特性があるとするとその特性を生かした動作法があるはず〟との考えを基に、左と右の特性を探り解明していくことにより身体特性に適した動作法を見出すことを目的に理論と実践による研究が行われていました。

その結果、これまで常識と考えられてきた動作に多くの錯覚や誤解が含まれていることが明らかになりましたのでスポーツや武道（武術）の動作をさらに分析し考察することで、合理的な動作方法を提唱することが可能になると判断し研究が進められました。

当初はこの動作を、二軸動作と名付けましたが軸のとらえ方がスポーツの種目や個人によりさまざまであるため常歩（なみあし）というニックネームでも呼ぶことにし、その後「二軸動作（感覚）」だけではなく「骨盤の前傾」、「外旋立ち」に代表される姿勢や「肩甲骨の外放」、「股関節の外旋」、「膝の抜き」、「踵の踏み」、「頭部の傾き」などの身体操作、さらには「垂直感覚」、「水平感覚」、「同側感覚」、「屈曲感覚」などの身体感覚を提唱してきました。

さらにこれらを習得するためのストレッチやトレーニング法などの開発を続けることにより、常歩（二軸動作）とそのトレーニング方法はオリンピックメダリストをはじめ多くのトップ選手に伝授されてきました。また、これらの研究結果は医師や看護師、理学療法士、整体師などの医療関係者にも大きな影響を与えてきましたのでトップアスリートだけでなく、一般の方々の日常生活や高齢者や障がい者の歩行法としても注目されています。

常歩研究会は組織化された団体ではありませんが発足以来、「合理的でからだにやさしい動作法・歩行法」の研究と普及を続けており多くの人々に勇気と健康、そして幸福をもたらすことを目的として活動している研究会です。興味のある方は著書を読まれたり、研究会活動を調べたりすることをお勧めします。

このような身体を動かすメカニズムの研究をされている先生方に歩行アシストの機能について説明を行った後早速装着して頂き、2時間あまりかけて、機器のセッティングと歩き方を変えながら歩行アシスト機能の確認と機器が下肢に留まらず上肢も含めた身体の全体運動に与える影響の確認をして頂けました。

装着後の感想は、歩行アシストは二軸歩行を誘導する機能を持ち常歩研究会の歩行法を実現しており、左右の屈曲・伸展のアシスト力をセッティングすることにより非対称性と対称性両方の歩行が体感できるため歩行訓練に適している、とのことでした。また、歩行アシストが股関節の動きをアシストするだけではなく歩行時に動作する上肢へも影響を与えていることがわかり、当初思っていた以上の可能性を感じることができました。さらに、人の通常歩行が左右非対称であることと、歩行アシストの左右の力を適正にセッティングすることで非対称性が改善することをその場で示して頂いた時には大変な驚きでした。

突然で図々しい訪問にもかかわらず、大変丁寧に対応して頂き今後もアドバイスして頂けるとのお約束もして頂け貴重な出会いとなりましたが、突然歩行アシストを持ち込むと聞いた時に〝何か怪しいものかな！〟と思われたのではないかと本音をお聞きしたところ、

「正直、怪しい機材だろうと思っていましたが、歩行アシストのアシストという言葉

人間の歩行のメカニズムの奥深さ、凄さに驚嘆させられ続けた

PHOTO／HONDA

に何か新しいものを感じた」

と言って頂けました。

実際に装着時の印象として、

「股関節の伸展から屈曲への切り替えし（ターンオーバー）の心地良さに、これはいけるとピンときた」（小田先生）

「小田先生と木寺先生が装着されて歩かれる姿を見て、屈曲、伸展の左右独立したトルク比率の変更が可能であるなら、リハビリテーションだけでなくスポーツ選手のトレーニングにも使える機材ではないかと思いました」（小山田先生）

「左右、前後のアシストの強さは個々によってかなり違うだろうと思いましたが、それを制御できれば将来、高齢者や障がい者の助けになると思いました」（木寺先生）

とのコメントを頂きました。

改善すべき点はありますが、歩行をアシストする製品としての基本機能を備えていることがわかりましたので、より詳細な検証を行い機能の要件を確立していくことになりました。また商品化の方向性を検討するため、どのような場面で歩行アシストが役立ち

使うことが可能であるかをそれぞれの専門分野の観点から３人の先生にお尋ねしたところ、

「当時、スポーツ選手の走能力の課題は、股関節の伸展から屈曲への切り変えし（ターンオーバー）のタイミングを速めのポイントに持ってくることであると考えていた。このアシストマシンに出会った時は、走運動の運動制御系に正しいアシストをもたらすものとして役に立つとまず思った。その後、スポーツ選手のケガや障がい者の歩行リハビリテーションの領域にも有効なアシストをするのではないかと考えました。高齢化社会を迎えてロコモーションシンドロームの解決策として、歩行アシストマシンは大きな貢献を成すものと確信している」（小田先生）

「リハビリなどの機能回復に使用することは他の関係者の方も思われることだと思います。わたしは、スポーツの世界に歩行アシストが効果的ではないかと思っております。実際に路面を走りながら股関節の可動域などの情報を得られるので、より実践的な身体の状態を測定してくれるのはもちろん、股関節の切り替えしのタイミングなどなかなか伝わらない動作を選手へ伝えてくれる可能性を感じております。選手と指導者の懸け橋

になる機材と言えるでしょう」（小山田先生）

「私たちはスポーツ選手に動作を教えてきましたので、トップ選手の歩きや走りをこのアシストで体感できるのではないかと思いました。伝えにくい感覚を教えることができるのではないかと思いました」（木寺先生）

とのアドバイスを頂けました。

さらに歩行アシストが人間の身体運動や運動制御機構にどのように作用しているかを尋ねたところ、

「従来の考え方は、歩行中に負荷をかけるレジストであった。出力負荷（レジスト）を与えてそれを打ち破ろうとする筋力強化型のマシンでは、人間の筋、神経系のなかば無意識の動きを変えることはできない。ホンダの歩行アシストは、歩行という人間の筋、神経系のなかば無意識の動きに外部からの適切な股関節トルクとその切り返しの適切なタイミング刺激を与える。人間の歩こうとする行為、意欲を正しい方向へアシストする支援型の優れたマシンである。歩く楽しみを引き出すマシンは、精神抑うつ度を軽減する運動療法としても機能することが期待できる。アシストの究極の目標は、人間の肉体

のみならず精神にも好影響をもたらし、人間の幸せに貢献することである」（小田先生）
「手足の動きは規則正しいリズムで動いていると思われがちですが、そこには微妙なズレがあると思われます。その微妙なズレを身体に伝えてくれているのではないかと思われます。動かそうという指令ではなく反射的に反対側（反対側の足）を動かすきっかけを生み出してくれ、健常者、スポーツ選手でも確認しにくい股関節の動きを長い時間連続動作として行うことで、脊髄への働きかけが大きく作用していると思われます。この点が、今後のスポーツに役立てて頂ける可能性の要因と言えます」（小山田先生）
との意見を頂くことができ、機器の持つ大きな可能性と方向性を感じました。
また機能を向上させるポイントについては、
「股関節の伸展・屈曲のアシストだけでなく、骨盤のローテンション方向の切り替えしをアシストする機能を併せ持つ方向性の改善が期待される。下半身運動と上半身運動の接合部が骨盤である。正しいタイミングで骨盤のローテンション方向を切り変えることは、下半身と上半身の連動性を改善し、上半身の姿勢、型、腕振りなどの運動にも好影響をもたらす」（小田先生）、

「自転車選手で検証させていただいたので、スタンディング時とシッティング時で股関節のポイント可動が可能になれば、短距離のスタートからゴールまでカバーできるようにもなると言えます。そうなれば、陸上競技などでも使えるでしょうし、垂直跳びなどのアシストも可能になると思います」（小山田先生）、

「現在、どのような機能になっているか明確ではありませんが、さらに小型化し高速でもアシストできるものに改良できればスポーツ分野での需要がさらに高まると思います。しかし､高齢化社会に向けて非常に興味深いシステムであると思います」（木寺先生）

とのアドバイスを頂き商品化に向けた機能設計に反映することができました。

先生方とお話をしていくうちに〝歩行はスポーツ〟との考えを持つようになり、歩行訓練をスポーツの練習になぞらえ基礎作りから実戦対応に至るまでの一連のシーケンスとして捉えるようになり、歩行リハビリテーションの見方も変わりました。

共同研究を行う傍らスポーツ選手にも歩行アシストを試してもらう機会を得て、競輪選手や陸上選手、水泳選手、剣道の高位段者からも股関節のアシストが体全体の機能に与える感覚や影響を知ることができました。

京都大学での装着体験を終えた時、小田先生から、

「この機器はリハビリテーションにも役立つと思うので一度機器を見てもらいなさい」

とのアドバイスを頂き医学部の先生とリハビリテーションを行っている病院を紹介して頂くことができました。

常歩研究会の先生方は、その研究成果を病院はじめ多方面で講演をされていますので回復期のリハビリテーションを行っている病院を紹介して頂くことができました。

23〈歩行リハビリテーションのメカニズム〉

私は早速京都大学大学院医学研究科人間健康科学系専攻の**市橋則明教授**にご連絡させて頂き小田先生からご紹介頂いたことをお伝えしたところ、お忙しい中、見たことも聞いたこともない機器のために貴重な時間を割いて頂き歩行アシストを体験して頂く機会を作って頂けたことは感謝の念に堪えません。

歩行アシストを持参し京都大学医学部の研究室を訪れた時に**大畑光司講師**を紹介し

て頂けましたので、機器の持つ機能や開発経緯、訪問の目的などをお伝えし装着して頂けることになりました。大畑先生との出会いがこの後の進展に大きな変化を与えることになるとはこの時は知る由もありませんでした。

大畑先生は、片麻痺患者さんの歩行再建と子供の歩行獲得及び歩行の運動制御機構解析をご専門とされており、脳損傷後の片麻痺患者さんの運動機能改善に向けたリハビリテーションの開発と脳性麻痺を中心とした運動発達障害児に対する効果的な運動療法の研究と開発をされています。大畑先生は、その研究の一環として片麻痺の維持期の方を対象に定期的な歩行測定会を開催されていましたので、歩行アシストを試された後この測定会への参加提案を頂き快諾したことを覚えています。

この測定会は、被測定者の前脛骨筋、腓腹筋、ヒラメ筋など歩行に必要な筋肉量やその筋活動を表す筋電図の解析と歩行時の動画撮影による歩き方の解析により被測定者の歩行能力の回復度を継続的に観察する目的で行われており、歩行アシストにとっては専門家による初めての科学的な機能評価となりました。初めての評価は第4章の動作解析と有効性検証で述べたように脳血管疾患の発症から13年ほど経過している維持期の方を対象に行われ歩行アシストの有効性を確認することができました。

大畑先生から測定会への参加を勧められた時、私はなんのためらいもなく参加することを伝えましたが、通常は〝すぐには対応できない〟と断ってくるが即答で快諾したためその本気度が伝わってきた、と後日お聞きしました。

初めて参加した歩行測定会では数名の方に歩行アシストを使って測定をした結果から、屈曲・伸展動作を適切に誘導することによりリハビリテーションでの歩行訓練効果が上がる可能性があることがわかり、より詳しくその事象とメカニズムを解析するための研究を大畑先生が専門とする片麻痺患者さんの歩行再建研究の一つに加えて頂き共同研究して頂けることになりましたので視界が開けた想いでした。

歩行アシストが人に及ぼす影響を体系的に測定するために、機器の特性を少しずつ変えたり、また、比較のために機能自体を大きく変更する必要がありましたので、月に一度の会議で研究結果のレビューと機器を変更する内容を整合しながら研究を進めました。研究が進むにつれ、大畑先生が研究されている歩行理論が歩行アシストで実践できるようになれば歩行リハビリテーションに新たな風を吹き込むことができるとの想いが強くなり、その実現のために機器を進化させることを強く決心し、大畑先生との共同研究はその後研究範囲がさらに広がっていきました。

歩行アシストを初めて京都大学に持っていった時の印象を、大畑先生は、

「それまで装具療法を中心とした脳卒中後片麻痺患者さんの歩行再建を志向しており、ちょうど地域在住の脳卒中後後遺症者を対象として歩行の運動学的特性に応じた装具の効果を研究したりしていたため歩行アシストそのものに違和感はなく、また、国立病院機構宇多野病院の先生の講演で少し聞いたことがあったため、パーキンソン病の患者さんに対して良いかもしれないということを知っていた」

と言われていました。

また装着した時の機能については、

「アシストトルクの入る時期やその使用感に非常に感心し、その頃ちょうど、倒立振子を実現するには、足関節の装具だけでは限界があると考え始めていたため、かなり本質的な影響を与えられるのではないかと思いました。何よりもアフターエフェクトが残ることが新鮮で、運動療法を行う効果はこのアフターエフェクトの量で決定するのでは

ないかと考えていたので歩行運動に非常に役立ち脳卒中後片麻痺患者さんの歩行トレーニングに使えると思った」

とその可能性を評価して頂けました。

研究を進める中で、歩行アシストが人の身体運動や運動制御機構に及ぼす作用として歩行運動調整効果や潜在学習効果があることが徐々に明らかになってきました。歩行運動調整効果とは、歩行に変化を与える効果があることで歩行中の股関節の運動に外力を加えることにより、歩行の基本的な力学的特性である倒立振子の運動を強調して体感することができることで、潜在学習効果とは、歩行訓練により意識することなく歩行機能を学習することです。

通常の歩行運動の再学習は、運動の仕方を意識して学習（顕在学習）する必要がありますが、歩行アシストは本人も気付かないような運動の調整を行うため、運動の仕方を意識しないで学習（潜在学習）できることです。さらに歩行アシストが数多くの反復を促すため、より高い効果が期待できます。

脳卒中後片麻痺患者さんのように、意識からの運動を伝える経路（皮質脊髄路）が損傷された対象者の場合、顕在学習の効率が低下しますが、歩行アシストは外力が運動を調整するために、より効果的な学習が可能になると考えられるようになりました。

もともと、歩行アシストが人の運動機能に及ぼす影響を知り、機器を改善していくことが目的でしたが、共同研究を進めるにつれ人の運動機能の複雑さ、奥深さを知ることにより、単なる改善とかの表面的な言葉では言い表すことができず、また機能の進化はいかに機器に柔軟性を持たせることであると思うようになりました。

24〈臨床研究〉

大畑先生との先行検証が始まった頃、常歩研究会の小山田先生と木寺先生と一緒に湯布院厚生年金病院の**森照明院長**の元を訪れました。森先生は、歩行アシストを持参して訪問した日を**【歩行アシスト勉強会】**の日に設定してくださりリハビリテーションスタッフの約半数にのぼる70名ほどの療法士はじめ医師や看護師さんに説明会と実機体験に参加して頂くことができました。限られた時間ではありましたが全員の方に体験して頂き大変興味を持って頂けました。

勉強会終了後、森先生に歩行アシストの商品化を検討しているため機能や使い勝手の検証、歩行訓練に使用した場合の有効性確認、さらには機能向上に向けた改善点の抽出を行っていきたいことをお伝えしたら、翌２０１１年2月に開設を予定している〝先進リハビリテーション・ケアセンター湯布院〟でそれらの検証やろう、とおっしゃって頂けました。

そのため、歩行解析ができるよう三次元動作解析装置も導入され、まさしく名実ともに先進的なセンターとなり専門家による24にも及ぶ臨床研究が始まり、数多くの成果が発表されリハビリテーションとケア領域に新たな風を吹き込むことになりました。歩行アシストもその中の一つの研究テーマとして登録され10台の機器を使用した共同研究が始まりました。

森先生は脳神経外科とリハビリテーションをご専門とされ、ロボットリハビリテーション、脳スポーツ医学の研究をされています。１９９９年から日本卓球協会ナショナルチームドクターとして世界選手権などに帯同し、選手がベストコンディションでベストパフォーマンスができるようスポーツ医学、メンタルトレーニングの専門家としてサポートされており、また脳とスポーツの研究分野でもご活躍されています。

さらに、2016年7月には「病院施設、職能団体、企業、大学、研究機関、行政などと連携し地域包括ケアシステムの早期完遂と先端リハビリテーション・ケアの発展に寄与すること」を目的に一般社団法人九州先端リハビリテーション・ケアクラスター推進機構を設立し理事長に就任されています。さらに将来を見据え、リハビリテーション・ケアに関する5つのプロジェクトと1つの事業(在宅リハビリテーション・ケアプロジェクト、人材育成プロジェクト、情報ネットワークプロジェクト、臨床研究開発プロジェクト、国際交流プロジェクト、その他当法人の目的を達成するために必要な事業)を推進機構で実施する計画をされています(ホームページより引用)。

このように医療、介護、福祉の質を高めることを常に志してリハビリテーションに取り組んでいらっしゃる森先生の強力な後押しのお陰で非常に多くの臨床研究を推進して頂き、機能向上と使い勝手の改善を達成することができましたので商品化に向け開発を加速することができました。森先生が初めて歩行アシストの話を聞かれた時は、『非常に楽しみで興味津々で研究会の日を待っていた』ことをお聞きし、また初めて装着された時の印象は、健常者への装着だったので思ったほど強制感、抵抗感が無かったとのことでした。

数多くの臨床検証から、片麻痺患者さんをはじめ装着した患者さんの歩容、歩行スピードが改善した、歩行改善を諦めていた患者さんが装着することで期待とモチベーションが上がった、横断歩道を時間内に渡れた、発症から10年経過した片麻痺患者さんが装着することで腰を使う正常歩行感覚を取り戻した、などの成果が確認できました。

さらに、森先生から脳血管障害による片麻痺患者さんの急性期、慢性期でのリハビリテーションのほか、生活不活発病患者さん、整形外科疾患患者さん、下肢切断患者さん、下肢装具装着患者さん、先天性股関節患者さん、初期神経難病患者さん、高齢者の歩行訓練やスポーツや山登りなどにも幅広く使える可能性があることを教えて頂き歩行アシスト活用の場が大きく広がりました。

25〈五人の侍〉

このように科学的、医学的な観点からさまざまのアプローチをしてサポートしてくださった**木寺英史先生、小田伸午先生、小山田良治先生、大畑光司先生、森照明先生**という**【五人の侍】**との出会いがなければ、ホンダとして初めての領域で製品を商品化することは不可能でした。商品化を間近にひかえた2015年8月夏に開催した歩行リハビリテーション研究会では、研究やゼミでお忙しい中おいで頂き講演までして頂けたことに大変感謝しています。

私は、【五人の侍】との共同研究の中で、ホンダの創始者である本田宗一郎が唱えていた「三現主義」の風を常に感じていました。

これは、私のこれまでの開発における礎となっている目前の現場、現物、現実に基づいた意識が重要であるという理念で、とかく統計学的な解析に評価や判断を委ねがちですが、統計学的な解析と三現主義による解析が両輪となってこそ真の評価ができると思っています。また、五人の侍は皆さん素晴らしい経歴をお持ちの方ばかりですが、私のような素人に嫌な顔をされることなく常に丁寧に教えて頂き人としても尊敬できる方々で「実るほど頭を垂れる稲穂かな」という言葉を思い起こさせて下さいます。

五人の侍とは7年以上にわたり交流させて頂いていますが、常に目の前の人の役に立

五人の侍

森照明（もり てるあき）医学博士

社会医療法人敬和会統括院長、脳神経外科専門医、国立病院機構西別府病院名誉院長、九州先端リハケアクラスター推進機構理事長

大畑光司（おおはた こうじ）博士（医学）

京都大学大学院医学研究科講師、日本リハビリテーション医学会、日本義肢装具学会、日本神経理学療法学会に所属

木寺英史（きでら えいし）修士

九州共立大学スポーツ学部教授。日本武道学会、身体運動文化学会、スポーツ史学会に所属。九州共立大学剣道部顧問を務める

小山田良治（おやまだ りょうじ）

スポーツマッサージ五体治療院代表。プロ野球選手、Jリーガー、競輪選手など多くのプロスポーツ選手の治療と動作改善の指導

小田伸午（おだ しんご）博士

関西大学人間健康学部教授。ヒトの運動制御を研究。日本運動生理学会、日本バイオメカニクス学会、日本コーチング学会などに所属

つことを念頭に取り組まれている姿に感動していますし、私も目の前の人の役に立たない物は誰の役にも立たないとの考えを持って今後も取り組んでいきたいと思っています。

先生方との出会いがあって歩行アシストを商品として世に送り出すことができましたので感謝の念に堪えません。先生方との出会いは偶然でしたが、必然であったと今更ながらに実感し確信しています。

第6章　今後

26〈置かれている状況〉

人を支援するロボットや機器が社会に受け入れられて進化を続けていくために必要な要件を明確にするには、人支援ロボットや機器が置かれている現状を整理し理解することが必要です。そのために、その手掛かりとなり得る世界中で受け入れられ普及している産業用ロボットについてまずその背景を調べてみることにしました。

日本が世界をリードしてきた産業用ロボットの歴史を振り返ってみると、1954年にジョージ・デボルというアメリカ合衆国の技術者がロボットの最初の特許を出願し1961年にアメリカ合衆国特許として登録されました。1956年ジョージ・デボルは、出願したその基本特許を基にユニメーション社を設立し、特許が登録された1961年には世界で初めての産業用ロボットとなるユニメートを発表したことがわかりました。

その後、産業用ロボットは60年余り進化を続け、今では製造業を中心としたさまざまな分野で特徴のある役割・機能を持ったロボットが誕生し、間接的ではありますが私たちの生活に深く浸透しその恩恵を受けています。

例えば、自動車メーカーでは、スポット溶接や重量物の搬送、ボディ塗装や洗浄、組み付け補助や検査などを行うためメーカー毎にカスタマイズされた多種類の産業用ロボットが開発され使われています。

産業用ロボットが普及し進化した理由は、使うことに明らかなメリットがあるからです。産業用ロボットは、製造者にとっては、作業者の肉体的負担を減らし健康や体調の維持や安全性の確保を可能にするとともに、生産性の向上と品質の安定化、コストダウンなどのメリットをもたらし、消費者にとっては安定した高品質の製品がより安く短時間で手に入るという恩恵があります。

ここでの肉体的負担低減や健康維持と安全性確保とは、製造現場における溶接による火傷やアーク光による目への悪影響の防止、塗装や洗浄時の霧散物の吸い込み防止、重量物の搬送や組み付け時及び高低温、高湿度、高低大騒音環境下での作業負荷の低減を意味します。また生産性向上とは、作業時間の短縮による製造のスピードアップ、単調な繰り返し作業の正確性向上、細かい作業の確実性向上、昼夜運転による製造時間の増加による生産能力の増加や不良率の低減を示しています。

品質の安定化とは、作業精度の向上、作業ミスや誤検査の低減、ロボット機能の自動セルフチェックによる不良率の低減などにより安定したより高い品質が確保されることです。

産業用ロボットはB to B（Business to Business）と言われる企業間の取引が主で、ほとんどの場合個別企業を対象とした専用設計が多いため高価になりますが、ロボットを導入することで製造者に利益をもたらします。消費者にもメリットはあるものの、普及している理由は製造者にとってのメリットが明確なためで、さらなる技術進化を続けて新たなロボットが生み出されています。

次に、自動車についても同じような観点で見てみると、いつでも目的地に人の能力を超えた移動能力でいくことができ、運搬能力も同様にあるため使用する人のメリットが明確になっています。自動車は一部の業務用B to Bを除きほとんどがB to C（Business to Consumer）と言われる企業と個人ユーザーの間での取引が主で私用として使われているため利益を生みませんが、その便利さで受け入れられ技術進化を繰り返しています。

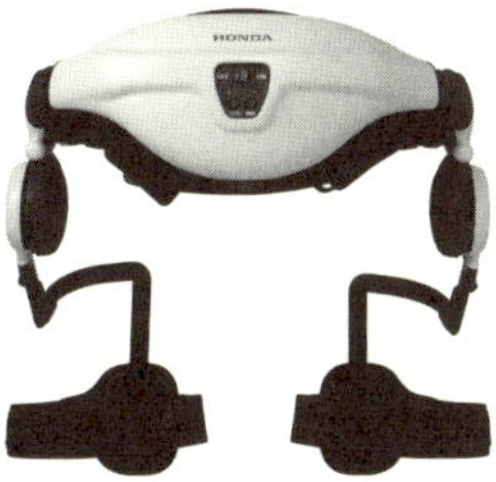

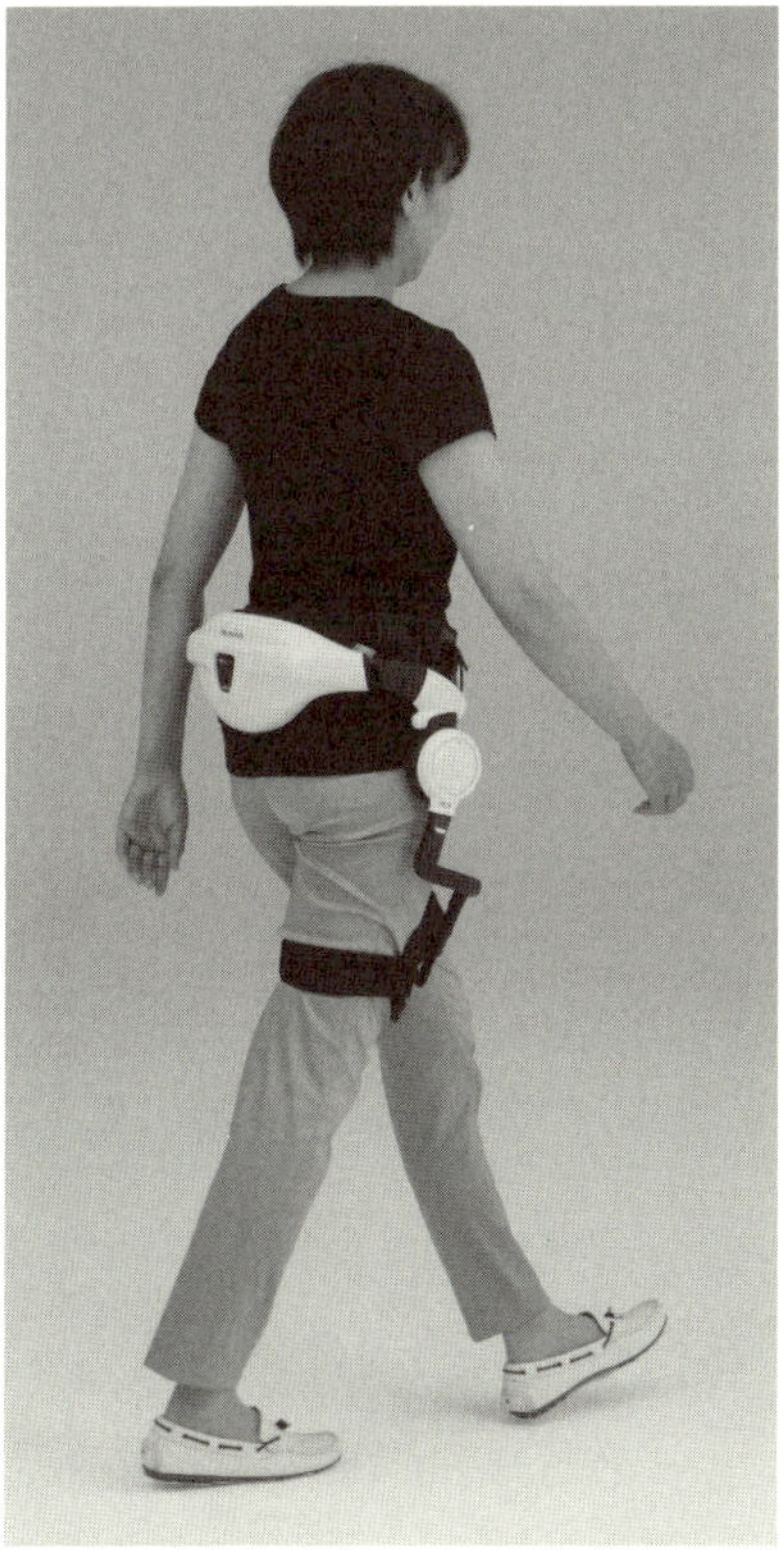

歩行アシストを商品化した現在、これをいかに普及させるかが重要になってくる

PHOTO／HONDA

人支援ロボットの話に入る前に、開発と製造の観点からもう少し産業用ロボットと自動車を見てみることにします。さまざまな製造工程に適した形に変化しながら進化を続けている産業用ロボットは、それを必要とする使用者が自らロボットの開発と製造を行うか、ロボット開発を専門とする企業に仕様と資金を出して開発と製造を委託します。機能を実現するための仕様の責任は全て使用者にあり資金も使用者が負担しますので、産業用ロボットは、使用者の仕様に適合するように作られ使われます。

一方、自動車においては、自動車メーカーが車種ごとに購買対象のユーザー層と仕様を決めて開発と製造を行いますので、仕様責任も資金も全て自動車メーカーが負担します。自動車の場合はユーザーが購入する車の仕様に合わせて利用することになり一人ひとりに違った車を提供することはできませんが、何万、何十万人を対象とした大量生産を前提としているため価格は安くできます。

まとめますと、産業用ロボットは使用者が利益を生むために使われ、価格が高いが使用者ごとにカスタマイズされ普及している。それに対して、自動車は便利さから普及しているが利益を生まないためカスタマイズはされず使用者が車に合わせることで価格を安くしていることになります。

このような観点から人を支援したり助けたりするロボットや機器、用具を眺めてみることにします。これらには、医学的な治療などに使われる医療機器、作業を行うために人が操縦する移動作業型ロボットと自立型移動作業型ロボット、人の動作をサポートする身体アシストロボット（人間装着型、人間非装着型）、人が移動するための搭乗型ロボット、障がい者の生活支援や高齢者、病人などを介抱し世話をするための介護機器、用具、使用することで要介護者本人の日常生活動作能力の維持や改善をするための福祉機器、補装具などがあります。

この中で、医療機器はＢ to Ｂと考えられその性格上使用目的と機能が明確で、医療機関や患者さんへのメリットが明らかで使用者に利益を生むため産業用ロボットと同じカテゴリーと考えられ位置付けが明確になっています。

また介護福祉用機器、用具はＢ to Ｃですが、介護に用いることや要介護者本人の日常生活における動作能力の維持や改善するために用いられるため目的と機能が明確で、ある程度のカスタマイズを伴うことで使用者のメリットがはっきりしていますので価格は高くなりますが位置付けが明確になっています。

移動作業型ロボット（自立型、操縦型）も産業用ロボットと同類のBtoBと考えられ使用目的と機能が明確で使用者のメリットがはっきりしているため位置付けが明確になっています。

搭乗型ロボットはBtoCになり自動車と同じカテゴリーに入り機能は明確ですが、目的と使用者のメリットが明確にうたわれていないと思います。

最後に残った、歩行アシストも含まれる身体アシストロボットはBtoCに近く、また目的と機能は明確ですが使用者が費用対効果も含むメリットをはっきり感じることができない場合があります。

このカテゴリーの理想的な位置付けは現状を前提に考えると2通りあります。使用者から見た位置付けは、使用者ごとに仕様をカスタマイズし、開発製造責任と費用を製造者が負い、大量生産できないが低価格で提供することとなりますが、開発側から見た位置付けはその逆となります。

身体アシストロボットが思うように普及しない原因は、産業用ロボットと自動車と比べその位置付けがはっきりしないところにあります。また、開発者はどうしても技術ありきになりがちで、この技術は使えるはずという想いから製品を開発しますので完成した製品をすぐに使ってもらうことを目的としますが、実は開発が終わったところがスタートラインでそこから改善していくという意識持つことにより商品価値が高まると思います。

しかし、製品が完成するまでの全ての責任と費用負担が開発側にある現在では致し方ないことだとも思います。ただ、このままの状態が続くと、ロボットが出てきては消えを繰り返し本当の普及ができないのではないかと危惧しています。

27〈皆で育てる〉

先ほど述べた身体アシストロボットの位置付けから脱却し普及させるための方策を検討してみました。

機器の性格上一つの機種で多くの台数を販売することは難しいため、ユーザー視点に立った製品企画を行ったうえで設計、開発、試作、機能検証、安全性検証、製造、販売、アフターサービスに至るまでのプロセスを時間とコストを抑えて達成することが重要で、これを実現するには、競争ではなく共創領域を明確にして推進することが必要になります。

今は身体アシストロボットの黎明期で、人に例えると生まれたての赤ちゃんでオシメが必要な時期かもしれませんが、それを認めつつ機器の将来性を踏まえた評価を行い早く幼稚園児や小学生にまで成長させていくことを皆で考えなければいけない時期だと思います。子供を地域で守り育てるようなものですが、この黎明期にこそ地域の総合力が必要です。

まず開発に関しては、現在は開発する機関や企業が仕様を決めて製品の試作品が完成すると第三者がその機能と有効性を評価します。しかし、機器を必要としている対象者の具体的な身体機能や特徴と機器に求められる要件や仕様を紐づけした明確な情報を提示できるデータベースが構築されれば、開発を行う企業がそれぞれの得意技術でリスクを最小限にしていろいろな機器を開発することができると思います。

この情報は多くなっていくと思いますが、医療の専門知識を持った人でないと作ることができませんので、開発された機器の有効性を評価するというフィードバック的な医工連携ではなく、事前に機能を明確にしたうえで実現方法も確認しあって開発を始められるというフィィードフォワード的な医工連携になり素晴らしい機器ができると思います。

そうすることにより、開発側は機器の有効性評価を行う必要はなく、機器が企画時の機能や設計要件を達成していることと安全性、信頼性の確認を行えばよく大幅な時間短縮とコストダウンが可能になります。

しかし、このためには仕様を出す側とその仕様を満足する機器を製造する側の双方が責任を負う必要があると思います。仕様を出す側は、最低購入台数を設定するなど機器の導入に対する負担をし、開発をする側は、開発、製造費を負担するなどの切り分け方があります。また訴求や販売に関しては、商品完成後いかに早く多くの方に知って頂けるかが重要になります。

訴求に関しては、前述のデータベース上に新規ロボットや機器の機能や特徴を掲載することが必要ですが、それを試すことができればより訴求につながります。私たちが自動車や電化製品を購入する時は、自動車販売店や家電量販店に行って実際に自動車や機器を見て説明を受け比較して自分に合った製品を購入します。これは大量生産を行っているためにできることではありますが、大量生産ができない機器だからこそ家電製品や自動車のように直接触れられる機会があれば大変有効だと思います。

自動車では年に一度のマイナーチェンジと4~5年に一度のフルモデルチェンジが行われますし、パソコンを含む家電製品では季節ごとに進化する機器もありますのでたとえ買い替えでも慎重に選びます。ましてや初めての機能を持つ製品に関しては購入の可否を含めより慎重にその機能を精査し費用対効果を判断します。

同じような販売形態に見える自動車と家電製品販売には大きな違いがあります。自動車は新車販売に関してメーカーごとに販売経路を確立しているため複数社のメーカーの車を並べて比較し購入することはできませんが、家電販売では量販店で商品カテゴリーごとにほぼ全てのメーカーの製品を比較し購入することができます。

一方、使用品の再販売については、家電製品には殆ど存在しませんが、自動車においては新車販売と異なり、ほぼ全てのメーカーの再販車を取り扱う販売店があり実際に比較して購入するができます。現状の人支援機器では、企業毎に販売経路を確立していますが、自動車や家電製品のように購入希望者が自由に見たり試したりすることができにくい状況であり、また使用品の再販売に関しても確立していません。

これには、トレーサビリティなど安全上の問題もありますが、自動車と家電製品の良いとこ取りができれば機器に触れる機会が増え購入しやすくなると思います。どのような機能を持った支援機器があるかを知る機会も少ないため、機器の特性を知りたい人や購入を検討している人がいつでも見て触れて試すことができる機能を持った施設があれば良いと思います。

もちろん自動車や家電製品のようにまとまった台数が見込めるものではありませんので、多くの施設を作って機器を準備することはメーカーにとって大きな負担になるため施設数も制限されると思いますが、さまざまな製品を見て触れることができるこのような仕組みが求められます。

このような開発から実際の使用に到るまでの協力体制を構築することは、企業だけでは限界があるため産学官が一体となり連携して推進できれば更なる普及が可能になると思います。

28 〈参入時に考慮するべきこと〉

歩行アシストを医療福祉領域に初めて商品として送り出しましたが、ホンダにとって初めての分野に参入することの意義やそのためにすべきことについて塾考していました。これは私が第二期のホンダF1（1983～1992年）活動の中で感じ見てきた経験からきていますが、新分野へ参入する時の〝条件〟とも言えます。

第二期のF1活動中にサーキットに来る経営陣やF1プロジェクトのリーダー層を見ていて感じたことで、直接聞いたことはありませんが、それを意識してやっているようには思えずおそらく社風として体に染みついていたものだと思っています。F1レースに参戦する目的はもちろんレースに勝って表彰台の中央に上がり、年間のチームコンストラクターズチャンピオンとドライバーズチャンピオンを獲得することで、ホンダは第二期のF1で輝かしい実績を収めることができました。しかし、ここで大切なことはただ勝てば良いというだけではなく条件をクリアして勝つことです。ヨーロッパに長期出張しパートナーのチームや競争相手となるチームのメンバーと親しくなるにつれ、

F1はヨーロッパの文化で車が好き、レースが好きな人達の間で生まれ育ったスポーツであり、そこにアジアの自動車メーカーが参入するということは単にレースをやるだけではなくその文化をリスペクトしその文化に溶け込まないといけないと感じるようになっていました。

第二期F1活動の中で、私が誓った条件は2つあり、1つ目は自分たちが確立した技術で勝つこと、2つ目はF1というスポーツに貢献することでした。

F1で勝ち続けるためには競争相手より優れていて常に一歩先を進んでいなければなりません。しかし、設計や開発を他に委託したり技術を購入したりして参戦を続けたらそれはもはや自動車メーカーではなくレース会社がレースに参加していることになってしまいます。ここで、1つめの条件である自分たちの技術で勝つことが重要になってきます。実際に、自分たちで自前開発しない限り技術的なチャレンジはできず圧倒的な速さは生み出せません。また、問題が発生しても責任転嫁をしてしまい問題解決にも技術の蓄積にも繋がりません。

私がF1チームに入った1985年は、シーズン最後の3レースとなるヨーロッパG

Ｐ、南アフリカＧＰ、オーストラリアＧＰで３連勝しＦ１参戦３年目で大きな躍進を遂げた年でした。しかし、１９８３年と１９８４年は、予選で良い結果を残していましたが、レースではエンジンブローによりリタイアすることが多く、レースがスタートすると機材を片付け始めリタイアしたら直ぐにサーキットを去ることができるように準備していたと聞いていました。

１９８３年と１９８４年は、黎明期の苦しみを味わった2年間でしたが、その中で圧倒的なパワーを持つエンジン開発を成し遂げ、更に耐久性の向上をも成し得たことをことが１９８５年の３連勝に繋がりました。これは苦しい時も自分たちの力を信じ不屈の精神で技術を進化し続けたことによる成果で、その後の第二期Ｆ１の勝利に大きく影響したことは言うまでもありません。

もう一つの条件である貢献とは、Ｆ１レース界の発展を常に考えて行動することです。Ｆ１はヨーロッパの歴史あるスポーツ文化であり単にレースに参加するという一過性の捉え方ではなくその中に入り込み文化を理解しながら、継続的な発展に貢献できなければなりません。そのためには、サーキットへの観客動員数の増加、テレビの視聴率の上昇、スポンサードの広がり、レース開催地への後援などを協力的に推し進める必要があります。

Ｆ１の興行団体、モータースポーツファンをはじめ関係する全ての人たちから〝ホンダが参入して良かった〟と思ってもらえなければなりません。

同様に歩行アシストに於いてもこれまでの訓練方法の代わりに機器を使って頂くだけではなく、歩行訓練を受ける患者さんへの貢献、それを指導する医師や理学療法士、病院への貢献、更には歩行リハビリテーションに対する貢献、とは何かを見つけ出すことが重要であると思っていました。そのため、多くのリハビリテーション病院を訪問させて頂き先生方や経営層の方、また患者さんともお話をさせて頂くことにより多くのことを学ぶことができました。

実際にリハビリテーションの現場を見せて頂くと、リハビリテーション現場では、医師をはじめ理学療法士、作業療法士、言語聴覚士の専門家が全身にわたる、さまざまな症状に対応した治療を行っており、歩行アシストを使う訓練は、リハビリテーションの一つとして行われる歩行訓練の中の一部分でしかないこと、及び患者さんの疾患毎に最適な専門性の高いリハビリテーションが行われていることを認識しました。このように歩行リハビリテーションにとどまらずリハビリテーション全体を見せて頂けたともに詳細を教えて頂けたことにより歩行アシストの貢献についても徐々に整理できていきました。

ちょうどこの頃、炊飯器に関する情報に出会い、高級な炊飯器は、お米を炊くことを熟知した人の炊き方を研究し一般の人がボタン一つ押せば同じようなお米を炊くことができるようにするため日々研究されているということ知りました。炊けたご飯は、硬さや弾力性、色つや、味などが科学的に分析され熟知した人との違いを数値化して評価しているのではないかと思いますが、誰が炊いても専門家の味に近づけるという開発スタンスには共感を覚えました。おそらくその水の成分やお米の状態、季節による変化点などのほか、個人の嗜好などのパラメータにも合わせられるよう研究されていると思います。

私にとってとても良いヒントになりました。リハビリテーションも疾患や部位により専門性がありますので歩行アシストを、一般の人が使用しても歩行リハビリテーションを専門とする医師や理学療法士が行う訓練に匹敵する訓練ができる機器にすることを目標にしました。歩行アシストを使うことにより歩行リハビリテーションの専門家でなくても専門家と同じ訓練ができれば、患者さんの歩行回復にも効果的であると確信しました。さらに、そのためには歩行リハビリテーションの専門家が行っている歩行解析も同時にできないと有効に使えないとの判断から歩行解析機能も充実させる必要がありました。このような観点から、歩行アシストの開発における貢献は『歩行リハビリテーションの世界を変える』こととし開発を進めました。

29〈取り組み方〉

ここでは、マネジメントに対する私の考え方をお話ししたいと思いますが、感覚的なところがありますことをご容赦下さい。

■ハードル

組織のマネジメントにも開発にも共通すると思いますが、ハードルは下げないで上げることが重要だと思います。ハードルが低いと誰でも超えることができ優劣が見分けられませんが、ハードルを上げていく事で能力が見分けられ自覚もできると思います。また努力目標にもなり組織と個人双方にとってメリットがあります。

■エポックメイキング

仕事を進めるうえで大きく変わる時が必ずあります。毎日一つひとつ積み重ねていったものが突然100倍くらい積み重なるようなものです。ゴルフなどのスポーツでも突然開花しレベルが上がる時があります。これが無いと飛躍は難しいと思いますが、毎日の努力に加え集中的に努力する期間があってこそ実現できると思います。

普段の努力を怠り一発のエポックメイキングを狙うことは最悪です。

■殻を破る

人はどうしても安住の地を求めてしまいますが、常に殻を破らなければ新しいことはできません。今までの自分や慣例に縛られるのではなく創りあげることが必要になります。

■公平さはフィールド

人を公平に評価することは必要ですが、公平とは全ての人を同じように扱うのではなく、同じ条件のフィールドを与えることだと思います。そこから出る結果により評価をするのが公平な評価だと思います。

30〈開発とは〉

開発への取り組み方やプロセスは業種や個人により違いがあると思いますが、ＢtoＣの製造業として私がこれまでの経験から自分なりに築き上げてきた取り組み方を紹介させて頂きます。

開発と研究の定義は業種や人により捉え方に違いがあると思いますが、既存の技術や周知の技術を使って商品や具体的な機能を作り上げること、その開発に必要であるがまだ確立していない技術を作り上げることが研究だと思っています。

例えば、カメラを使った自動車用の衝突回避システムではシステムを作り上げることが開発でそれに使用するカメラの新しい撮像素子を作り上げることを研究と捉えていることを前提に話をさせて頂きます。

◎目的の明確化

製品の開発にあたり、どういう人にどのように役立つ製品なのかを明確にすることが重要です。

明確にするためには、机上の検討やネット情報のみで決めるのではなく自ら足を運び自分の目で確かめて判断することが大切です。開発には機能の目標や製品がもたらす効果は、比較級ではなく具体的な数値で表現します。比較級では、あらかじめ逃げ場を作ることになり技術の壁を突き破れず開発の目標が低くなり製品の完成度が落ちていく懸念があります。

ただし、達成不可能な目標設定もあらかじめ逃げ場を作り製品ができない言い訳にもなりますので注意が必要です。

◎できないと言わない

開発指示に対し、難易度や工数不足などを理由に〝できない〟と言うことがあると思いますが、難しい指示や気乗りのしない指示が来るときは、指示をする方も困っていたり、申し訳ない気持ちを持っていますので必要な工数や予算、達成までの課題を明確にして仕事を受けるべきと思います。次は良い仕事が回ってきます。

◎明日完成させる計画

開発は、ユーザーに役に立つ製品を作り上げる行為ですから少しでも早く提供すべきで、そのためには少しでも早く、できれば明日完成させる開発計画を立ててみると良いと思います。極端な言い方ではありますが、機能を満足するための要件、および技術の洗い出しを行い開発プロシージャを即座に立てます。開発計画では先に日程が入ってしまうため開発プロシージャを決め、それが明日までにできない場合はその理由を明確にしていくことが重要です。始めから計画をたてると日程の根拠がはっきりしないまま、守りに入った計画になる可能性があります。必要な要素技術の構築に時間を要し、目標とした製品が完成するのに結果として20年かかったというのはあり得ますが、開発の始めから5年先、10年先、20年先を目標とした計画を立てるのは製造業では考えづらいです。

◎製品目標の無い研究はない

科学者が自然の摂理を解明したり、自然界に存在しないような物質を造り出すような基礎研究においてもその研究成果がもたらす恩恵がはっきりしていますので、製造業でおこなう要素技術研究ではその成果がどの製品に使用するかを明確にすべきです。製品の開発に支障が出ないよう代替案の早めの検討も必要になります。

◎良いという証明はできない

製品が完成すると数々のテストが行われますが、ダメな結果が一つでも出ればダメな証明はできますが、良いテスト結果がいくら出ても、たまたまダメな結果が出てないだけかもしれないため良いという証明にはなりません。そのため製品の完成時には徹底したテストを販売直前まで繰り返す必要があります。無くした物を探すような意識でテストを行いダメな箇所を探し出す努力が必要です。

31〈ホンダで学んだこと〉

36年間に及ぶホンダ人生の中でアイルトン・セナと過ごした第二期F1活動から多くの贈り物をもらい成長することができました。また、1992年にF1を撤退した後もレースで培った技術や考え方を基にその後の開発業務の中でも多くの経験をして学んだことが私の財産となっています。ホンダ生活の中で培った思いや考え方を紹介させて頂きますが、これらは、サーキットの現場で遭遇したことや経験したこと、ホンダでの開発環境下で習得したことが基になっていますので皆さんには当てはまらない点もあるかと思います。

【F1レースからの贈り物】

1．常に1位を狙う

⇩表彰台の2位3位は1位を祝福するため。常にドライバーが中央に立てるよう完ぺきに仕事をこなし、〝よく頑張った！〟ではなく〝おめでとう〟の言葉を目指す。

2．〝勝つ〟というブレない意志を持ち推進し続ける

⇩不安になったり苦しくなったりすると、勝てない（できない）言い訳をしたくなってしまいますが、これはレースという戦いから自らを降ろしてしまいます。結果が全てであり、言い訳は何の役にもたたない。

3．ドライバーが楽に勝てる競争力（技術力）を持つ

⇩他車を寄せ付けない競争力が無いと、レースに勝つためにドライバーは常に攻め続けなければならず、危険と隣り合わせのレースの中でドライバーにさらなるリスクを負わせることになる。　ドライバーが余裕を持って勝てる競争力を持つことが必要。。

4．常に〝もっと良くするには！〟を考えて目標設定をする

⇩勝ち続けるには今の実力に満足せず常に競争力を高めなければならない。ＴＯＰにいる時は、他車を目標にできないため自ら目標を設定し超えることが必要。対他競争力を目標にしている時はNo.１ではない。

5. 同じことを何度も何度も繰り返し考え続けて噛み砕く

⇩何かをやるためには十分考えなければいけないが、一度決めたことでも10日間、20日間と繰り返し考え続けると目標や達成手段、手法がどんどん洗練できる。毎日変わっていっても良い。

6. 絶対に逃げない

⇩不具合や予期しないトラブルが発生しても諦めずその場での最善を尽くしレースのスタートラインに並べることが重要。レースがスタートできないことはあり得ずスタート直前まで万全を期す。

7. 冷静に、時には良い嘘も必要

⇩担当専門領域に発生した問題は落ち着いて解決し周囲に動揺を与えない。担当が右往左往するとドライバーはじめチーム全体の収拾がつかなくなるため冷静に対応し、不安が残ったら時には負にならない嘘をついてチームを落ち着かせることも必要。

8. 代替案は3つまで用意

⇩〝常に予期せぬ不具合〟を想定し絶対にレースを止めないために優先順位を付けた対応案を用意する。時間のない中で問題に対応するには解析手順と対応策を準備しておき、1つ目の対応で解決できなくても第2、第3の対応ができることが必要。第3の対応でも解決しない場合は、レースでのポイント獲得は無理なため次回に向けた解析をその場で行う。

9. 状況を嗅ぎ分けられる、技術的に培われた鋭い嗅覚、第六感を持つ

⇩何か怪しいと思った時にマニュアル通りのチェックをして問題が見つからなくても怪しいものは必ず怪しいし、マニュアル通りのチェックをして見つかる問題はほとんどない。重箱の隅からチェックすると時間がかかるため、単なる感ではなく技術に裏付けされた嗅覚、第六感を身に着け怪しい部分を切り分け解析できる能力が必要。

10. 自信を持って開発し、開発した物には自信を持たない

⇩開発後に自信を持っているとチェックが疎かになり問題が発生しやすい。特にソフト

ウェアの開発で見られるが、レースのリタイアにもつながる。

【開発から得た財産】

1. 熱い想いを持ち続ける

⇩〝まだやっているの？〟と人が呆れるような粘り強い気持ちとエネルギーが必要。継続はすごい力を与えてくれる。

2. 誰のためにどのように役に立つのかを明確にする

⇩単なる夢、統計的な話は、技術者の逃げ場になってしまう。〝こんなに高い技術は人の役に立つはず（自己満足）〟というのは、実はあまり役に立たず、〝この人のために役に立つ〟という具体的な目標を明確にする。

3. 技術に真摯に向き合う

⇩言葉ではなく結果で技術を示す。言い訳は無意味。

4. 考え方の基軸（ポジショニング）を作る

⇩軸が無いと、新たな局面、予期せぬ出来事（バランスが崩れる）に対応できない。バランスを崩しても戻るべき基軸を持ち、自己の成長とともに基軸を進化させ続ける。

5. 何事にも圧倒的！

⇩圧倒的な目標を達成した物はユーザーに感動を与える。少し良くなるとか少し安いを開発目標にせず、圧倒的な目標を立てる（機能、コスト、重量など）。

6. 言霊

⇩発言に責任を持ち言葉遊びをしない。指摘されると、〝そう思っていた！〟と云いたくなる人もいますがそれは無意味な言い訳です。本当にそう思っていてやってない場合は確信犯であり思っていなかった人より責任が重い。

7. 変化を恐れず、常に変化し続ける

⇩安定は澱みを生み進化を妨げる。全てのものは常に陳腐化し続けているので常に変える意識が必要。組織はできた翌日から陳腐化が始まるので常に刷新することが重要。人は安住を求め変化を嫌う傾向にあるため、変えることに対し反対の意見はでるが敢えて変化していくことが必要。

8. 時代を変えられる、若者、よそ者、バカ者になる

⇩固定観念に捉われない自由な発想が革新を生みます。それを実現できる〝若者〟とは年ではなく考え方が柔軟で対応力・行動力がある人のこと。〝よそ者〟とは他専門領域の人で専門領域の人では考えられないことが発想できる人のこと。〝バカ者〟とはやり遂げる執念とか想いの強さを持ち徹底的に推進する人のことを指します。

9．本質を見極める

⇩物事を表面のみで軽く判断すると見誤るため、その下に潜む核となるものを見抜くことが必要。ここが見抜けないと目的を達成できない。

10．一人ひとりがドラえもんのポケット

⇩他力本願は進化を妨げ衰退を招いてしまいます。真似はできても、革新は生まれてきません。自分はできないが誰かがやってくれるのではなく人に頼らず自分でやることが重要です。

これらは私が常にできていた訳ではありませんが、核となっていた考え方で行き詰まった時、悩んだり迷ったりした時は、必ずこの考え方に立ち戻り打開策を見出してきました。

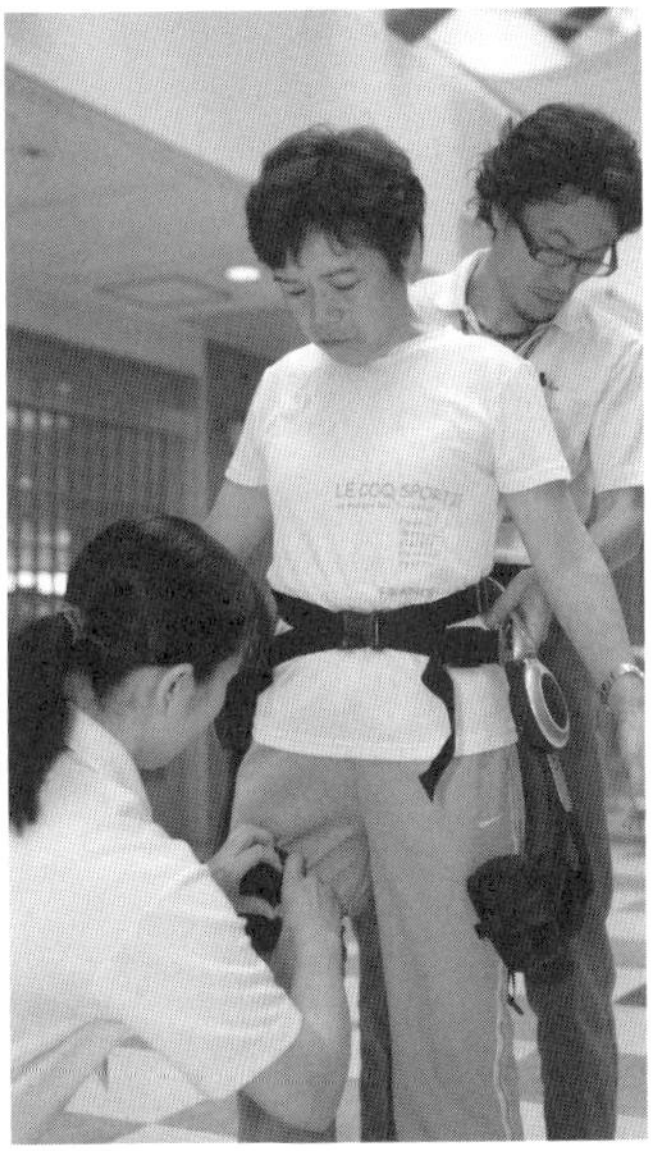

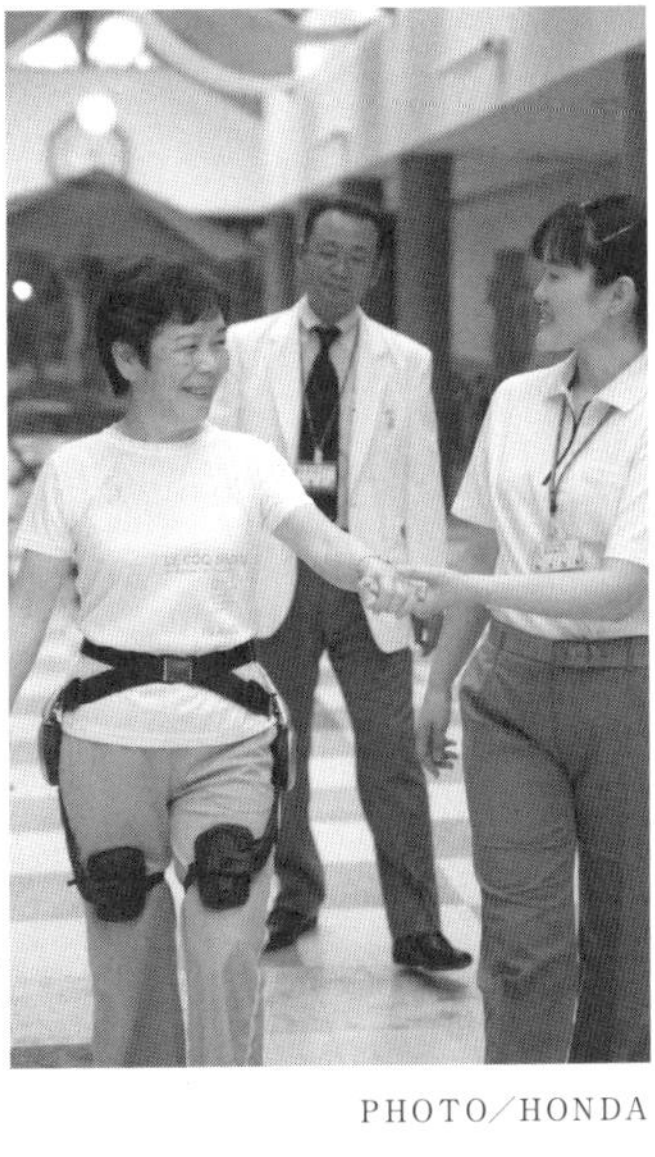

歩行困難なすべての人にとって歩行アシストが有効なわけではない。使わない訓練、使った方がいい訓練、使うべき訓練の見極めが必要で、優れた理学療法士の存在は必須になる

PHOTO／HONDA

あとがき

私が歩行アシストの開発に関わるようになった時は、歩行についての知識はありませんでした。そのため機器の持つ機能の評価方法も評価基準もわからないまま〝常歩研究会〟に助けを求めた私に歩行のイロハを指導し歩行訓練機器への門戸を開いて下さった小田伸午先生（関西大学）、小山田良治先生（五体治療院）、木寺英史先生（九州共立大学）、歩行アシストを使ったリハビリテーションでの歩行解析や有効な使い方をご指導頂いた大畑光司先生（京都大学）、臨床における有効性を検証をして下さった森照明先生（社会医療法人敬和会統括院長）と渡邊亜紀先生（社会医療法人敬和会大分リハビリテーション病院）との出会いが無ければ歩行アシストは世の中に出ていなかったと思っています。偶然の出会いではなく、歩行への想いの強さが引き付けてくれた必然の出会いに感謝しています。

先生方には、執筆にあたり多大なるご協力も頂きこの場をお借りして御礼申し上げます。

また、歩行アシストにつながる研究を30年以上前に始めた田上勝利さん（元本田技術研究所）には、生みの苦しみと生い立ちを教えて頂きまた多大なるご協力を頂きましたことを御礼申し上げます。

執筆の機会を与えて頂き常に支えて頂いた広報の松本総一郎さん（本田技研工業）には感謝の言葉しかありません。そして書き始めから長期にわたって支えて頂いた講談社ビーシーの市原信幸さんの存在なしには本書はなく深い謝意を表します。

執筆のお話を頂いた時は、ホンダを退社する直前でしたので執筆をすべきか迷いましたが、退社後の執筆を認めて下さった本田技研工業株式会社専務取締役（株式会社本田技術研究所代表取締役社長）松本宜之さんのアドバイスをいただき、私を成長させてくれたホンダの姿とホンダで培った考えを示していくことが退職した人間の使命でもあるとの想いで執筆をさせて頂きましたので、少しでも皆様のお役に立つことができれば幸いです。

2018年10月

元F1《もとエフワン》エンジニアの歩行《ほこう》アシスト開発奮闘記《かいはつふんとうき》

ホンダの新《あら》たな挑戦《ちょうせん》

2018年10月29日　第1刷発行

著者　伊藤寿弘《いとうひさひろ》
発行者　川端下誠
編集発行　株式会社 講談社ビーシー
東京都文京区音羽 1-2-2　〒112-0013
TEL　03-3943-6559（書籍出版部）
発売発行　株式会社 講談社
東京都文京区音羽 2-12 -21　〒112-8001
TEL　03-5395-4415（販売）
TEL　03-5395-3615（業務）
印刷所　図書印刷株式会社
製本所　図書印刷株式会社

本書のコピー、スキャン、デジタル化等の無断複製は著作権法上での例外を除き、禁じられています。本書を代行業者等の第三者に依頼してスキャンやデジタル化することはたとえ個人や家庭内の利用でも著作権法違反です。落丁本、乱丁本は購入書店名を明記のうえ、講談社業務宛にお送りください。送料は小社負担にてお取り替えいたします。なお、この本についてのお問い合わせは、講談社ビーシー書籍出版部までお願いいたします。定価はカバーに表示してあります。

ISBN978-4-06-220974-8
©Ito Hisahiro
2018 Printed in Japan